· 지은이 ·

KB169684

## 이민주

아동학을 전공하고 이론적 지식을 바탕으로 교육 현장에서 10년 동안 근무하며 실제 영유아 발달 및 놀이를 관찰하고 연구했습니다. 현재 〈이민주 육아연구소〉를 운영하면서 아이를 키우며 겪는 실질적인 어려움에 대해 다양한 시각으로 분석하고, 아이 개인의 기질과 발달을 고려하여 그에 맞는 양육법을 제시하고 있습니다. 또한 아이의 두뇌 발달과 학습을 돕고 생활 습관이 잘 형성될 수 있도록 단계별 놀이와 교재/교구를 개발하고 연구하며 부모를 대상으로 놀이 코칭을 진행하고 있습니다.

더불어 유튜브 〈이민주 육아상담소〉 채널에서 부모가 꼭 알아야 하는 육아 정보를 매주 주제별로 제공하고 있으며, 〈민주쌤 육아일기〉 채널에서는 저자가 실제로 육아하는 모습을 담은 일상과 놀이, 발달, 상호작용 등을 브이로그로 공유하고 있습니다. 그 외에도 부모 교육서 《민주 선생님's 똑소리 나는 육아 – 우리 아이 훈육편》와 《똑소리나는 놀이백과》를 집필했으며, '클래스 101'에서 책 육아를 주제로 클래스를 진행하고 부모 교육 전문가로 전국에서 온·오프라인 강연 활동을 활발하게 이어가고 있습니다.

- 인스타그램 : https://www.instagram.com/joo_werly/
- 블로그 : https://m.blog.naver.com/zal_jaram
- 카페 : https://cafe.naver.com/leeminjoolab
- 유튜브

  〈이민주 육아상담소〉 : https://www.youtube.com/@leeminjoo_lab/

  〈민주쌤 육아일기〉 : https://www.youtube.com/@leeminjoo_6/

# 새해 달력 만들기 놀이

**놀이 순서**

1. 달력을 탐색하며 날짜와 요일을 살펴 보세요.
2. 내년 달력을 참고해 숫자, 요일을 쓰고 달력을 완성해요.
3. 워크지의 달력을 꾸며 보고, 생일 등 특별한 날을 찾아 표시해요.

**쉬운 놀이**

숫자, 요일을 쓰기 어렵다면 월별 그림을 그려 배경 꾸미기를 할 수 있어요.

**발달 영역**

수학적 탐구 · 문제 해결 능력 · 약속/규칙 정하기 · 긍정적 자아 인식 · 사회성 발달

**준비물**

종이, 달력, 네임펜, 스티커, 워크지

워크지 

##  놀이 일력 사용 설명서 

이 책은 놀이를 한눈에 파악하여 진행할 수 있도록 준비물부터 놀이 방법과 효과까지 꼼꼼하게 기록하였습니다. 또한 놀이 준비가 번거롭거나 이해하기 어려울 경우를 위해 QR 코드로 사진, 영상 자료, 워크지를 제공했습니다. *워크지는 〈이민주 육아연구소〉 공식 카페에서 구매 인증 후 QR 코드를 통해 다운받을 수 있습니다.

##  월별 중점 놀이 주제 선정 

아이들이 성장하는 과정에서 자연스럽게 흥미를 갖는 영역을 월별 중점 놀이 주제로 선정하였습니다. 그뿐만 아니라 세상을 살아가면서 학습하고 경험해야 하는 주제도 포함하여 아이들의 호기심과 참여도를 높여 주는 365가지 놀이를 담아 일력으로 제작하였습니다.

| 1월 | 2월 | 3월 | 4월 | 5월 | 6월 | 7월 | 8월 | 9월 | 10월 | 11월 | 12월 |
|---|---|---|---|---|---|---|---|---|---|---|---|
| 생활 도구 | 색과 모양 | 즐거운<br>나와 친구 | 봄과<br>동·식물 | 가족과<br>이웃 | 건강한 생활과<br>환경 | 여름 | 교통 기관 | 우리나라와<br>다른 나라 | 가을 | 책 이야기 | 겨울 |

놀이 순서에 따라 아이와 놀이를 진행합니다.

놀이 시 참고할 수 있는 Tip과 쉬운 놀이, 어려운 놀이를 제공합니다.

표준보육과정/누리과정에서는 아이들이 놀이를 통해 자연스럽게 배우는 것을 강조하고 있습니다. 이 책에서는 부모와 함께하는 놀이 경험이 아이에게 어떠한 교육적 효과와 발달을 가져오는지 이해하기 쉽게 정리하였습니다.

# 전분 가루 촉감 놀이

1. 전분 가루를 트레이에 부어서 만지며 부드러운 촉감을 느껴요.
2. 물과 가루를 섞어, 신기한 촉감 놀이를 즐겨요.
3. 채반을 활용해 주르륵 흘러내리는 전분의 모습을 관찰해요.

식용 색소를 추가해 주면, 더욱 다채로운 오감 놀이를 즐길 수 있어요.

오감 자극 / 호기심 발달 / 과학적 탐구 / 창의력 발달 / 소근육 발달

전분 가루, 트레이, 식용 색소, 물, 채반

# 신나게 두드려요!
# 주방 악기 연주

1. 부엌에 있는 다양한 주방 도구를 탐색해요.
2. 도구를 두드리면서 어떤 소리가 나는지 들어 보세요.
3. 좋아하는 노래를 듣고 부르며 박자에 맞춰 신나게 연주해요.

**Tip** 주방 도구 중 뾰족하거나 깨질 수 있는 도구는 위험하니까 피해야 해요.

**발달 영역** 오감 자극 / 호기심 발달 / 음악/신체 표현 능력 / 소근육 발달 / 자기 조절 능력

**준비물** 여러 가지 주방 도구들

# 복주머니 만들기

1. 색종이로 복주머니 접는 방법을 찾아 보세요.
2. 색종이 복주머니를 접고 손잡이를 연결해 보아요.
3. 스티커 등 꾸미기 재료로 복주머니를 꾸며 보아요.

**Tip**

색종이 복주머니 접기는 아이 수준에 맞는 것으로 선택하고, 큰 종이를 사용하면 큰 복 주머니를 만들어 볼 수 있어요.

**발달 영역**

수학적 탐구 · 소근육 발달 · 미술 표현 능력 · 창의력 발달 · 사회성 발달

**준비물**

색종이, 꾸미기 재료

# 짝꿍을 찾아요!

**놀이 순서**

1. 쓰임이 비슷한 짝궁 도구를 준비해요.
2. 준비한 도구의 특징에 대해 이야기를 나누어요.
3. 도구를 특징에 따라 나누고 짝꿍끼리 짝을 지어요.

**쉬운 놀이**

도구의 역할을 이해하기 어렵다면 같은 양말 찾기 놀이로 대체해 보세요.

**발달 영역**

과학적 탐구 · 수학적 탐구 · 문제 해결 능력 · 약속/규칙 정하기 · 호기심 발달

**준비물**

숟가락/포크, 거울/빗, 빗자루/쓰레받기, 칫솔/치약 등 짝꿍 도구

# 양말 물감 놀이

**놀이 순서**

1. 양말에 솜을 넣어 고무줄로 묶어 주세요.
2. 솜이 들어간 양말의 촉감을 탐색해 보아요.
3. 솜이 들어간 부분에 물감을 묻혀 도화지를 자유롭게 꾸며 보아요.

**Tip**

미끄럼 방지 양말을 사용하면, 밑 부분 그대로 물감 모양이 찍히는 모습을 볼 수 있어요.

**발달 영역**

오감 자극 | 미술 표현 능력 | 소근육 발달 | 감성 발달 | 과학적 탐구

**준비물**

트레이, 도화지, 양말, 솜, 물감, 고무줄

놀이 영상 

# 나만의 핸드폰을 만들어요

1. 두꺼운 종이를 핸드폰 케이스의 크기와 모양에 따라 그린 후 잘라요.
2. 오려 낸 종이에 그림을 그려 핸드폰 배경 화면을 꾸미고 케이스 안쪽에 끼워 넣어요.
3. 직접 만든 핸드폰으로 전화 놀이를 해요.

두 돌 이전의 아이들은 종이로 만든 핸드폰만 있어도 전화 놀이를 즐길 수 있어요. 전화 놀이는 아이의 언어 발달에도 도움이 되니 참고하세요.

**발달 영역**

언어 능력 발달 · 사회성 발달 · 소근육 발달 · 미술 표현 능력 · 수학적 탐구

**준비물**

핸드폰 케이스, 두꺼운 종이(우드락으로 대체 가능), 그리기 도구, 가위

놀이 블로그

# 켄다마를 만들어요

1. 종이컵 2개 사이, 바닥 부분에 나무젓가락을 넣어 고정시켜 주세요.
2. 신문지 공에 실을 연결하여 나무젓가락에 묶어 주세요.
3. 완성된 켄다마를 움직여 종이컵 안에 공을 넣어 보세요.

**Tip** 용기의 크기나 줄의 길이를 조절하여 난이도를 맞춰줄 수 있어요.

**발달 영역** 소근육 발달 · 대근육 발달 · 약속/규칙 정하기 · 자기 조절 능력 · 긍정적 자아 인식

**준비물** 종이컵 2개, 털실, 신문지 공(솔방울로 대체 가능), 나무젓가락, 테이프, 가위

# 까슬까슬 헤어롤 촉감 놀이

1. 헤어롤을 만져 보고 어떤 느낌이 나는지 이야기를 나누어요.
2. 머리나 옷 등 헤어롤이 붙는 곳을 찾아서 붙여 보세요.
3. 붙는 곳과 안 붙는 곳의 특징을 알아보고 비교, 분류하여 워크지에 표시해요.

워크지 기록이 어렵다면, 큰 헤어롤 안에 작은 헤어롤을 넣어 보는 놀이로 눈과 손의 협응을 도울 수 있어요.

오감 자극 · 소근육 발달 · 호기심 발달 · 과학적 탐구 · 수학적 탐구

준비물

헤어롤, 워크지

워크지 

# 팬케이크를 만들어요

1. 팬케이크 반죽으로 팬케이크를 여러 장 구워 주세요.
2. 팬케이크에 올릴 수 있도록 빵칼로 준비한 과일을 썰어요.
3. 팬케이크에 생크림을 바르고 과일 토핑하는 것을 반복하여 겹겹이 쌓인 케이크를 완성해요.

Tip

팬케이크 만들기 활동 전, 그림책 《추피가 팬케이크를 만들어요》로 독후 활동을 진행해 볼 수 있어요.

긍정적 자아 인식 / 건강/안전 인식 / 생활 습관 / 소근육 발달 / 오감 자극

팬케이크 반죽, 생크림, 빵칼, 과일(딸기, 바나나 등)

# 슛~ 골인!
# 나는야 농구선수

1. 빨래 바구니를 적당한 자리에 놓아 주세요.
2. 슛을 던지듯 공을 던져서 빨래 바구니 안으로 넣어요.
3. 바구니와 공의 거리를 조절하면서 공을 던지고 놀아요.

**Tip** 가족과 함께하는 놀이는 유대감을 형성하고 아이의 성취감을 북돋울 수 있어요.

**발달 영역** 대근육 발달 / 긍정적 자아 인식 / 자기 조절 능력 / 사회성 발달 / 약속/규칙 정하기

**준비물** 공, 빨래 바구니

# 하드바 꽂기 게임

1. 휴지심에 1~10까지 수를 적어 주세요.
2. 휴지심에 적힌 숫자만큼 일대일 대응하여 하드바를 꽂아 보아요.
3. 휴지심에서 하드바를 빼며 숫자를 세어 보아요.

**Tip**

꽂은 하드바의 수량을 비교하며 많고 적음을 알아볼 수 있어요.

**발달 영역**

수학적 탐구 | 문제 해결 능력 | 호기심 발달 | 약속/규칙 정하기 | 긍정적 자아 인식

**준비물**

휴지심, 하드바

# 가전제품
# 메모리 게임

1. 가전제품 그림카드 워크지를 나열해요.
2. 순서를 정하고 카드를 두 장씩 뒤집어서 그림을 확인해 보세요.
3. 같은 그림을 찾은 사람이 카드를 가져가요.

**Tip** 손 코팅지 또는 도화지를 붙이면 구겨지지 않아 오래 사용할 수 있어요.

**발달 영역** 언어 능력 발달 / 문제 해결 능력 / 사회성 발달 / 약속/규칙 정하기

**준비물** 워크지, 가위, 두꺼운 도화지 또는 손 코팅지

워크지 

# 다리 찢기 놀이

**놀이 순서**

1. 팔, 허리, 다리 등 전신 스트레칭을 해 보아요.
2. 두 사람이 마주 보고 서서 가위바위보 해서 이긴 사람은 한 발을 뒤로 보내고, 진 사람은 앞 사람의 발가락까지 발을 앞으로 보내요.
3. 더 이상 다리를 찢지 못하거나 중심을 잃어 주저앉는 사람이 지는 놀이예요!

**쉬운 놀이**

아이의 다리를 양옆으로 벌려 손을 잡고 스트레칭해 줄 수 있어요.

**발달 영역**

대근육 발달 / 건강/안전 인식 / 사회성 발달 / 긍정적 자아 인식 / 자기 조절 능력

**준비물**

없음

# 콩콩! 숏티 망치질

1. 스티로폼에 숏티를 꽂아요.
2. 숏티가 깊숙이 들어가도록 망치를 두드려요.
3. 스티로폼에 그림을 그리고, 그림을 따라 숏티를 꽂아 망치질을 해요.

고정된 숏티에 고무줄을 걸면 다양한 모양을 만들 수 있고, 고무줄을 튕기면서 연주도 할 수 있어요.

소근육 발달 · 건강/안전 인식 · 자기 조절 능력 · 과학적 탐구 · 음악/신체 표현 능력

재활용 스티로폼, 숏티(과일꽂이, 이쑤시개 등으로 대체 가능), 망치, 고무줄

놀이 영상

# 겨울 장식을 만들어요

1. 워크지의 겨울 장식 도안 위에 투명 필름을 올려 주세요.
2. 장식의 모양을 따라 목공풀을 짜 보아요.
3. 충분히 건조시킨 후 네임펜으로 색칠하여 꾸며 보아요.

Tip

크리스마스 트리에 목공풀로 만든 소품을 걸어볼 수 있어요.

발달 영역

미술 표현 능력 · 창의력 발달 · 감성 발달 · 과학적 탐구 · 오감 자극

준비물

약병, 목공풀, 식용 색소, 겨울 장식 도안, 투명 필름, 펀치, 끈, 워크지

워크지 

# 계란 껍질 물감 팡팡

1. 계란 껍질의 볼록한 쪽을 위로 두고 물감을 뿌린 후 비닐을 씌워요.
2. 망치로 두드리며 신나게 부수어요.
3. 계란 껍질이 부서지며 팡팡 퍼지는 물감의 모양을 살펴 보세요.

**Tip**

망치 대신 막대나 국자, 숟가락 등 집에 있는 다른 물건을 사용해도 돼요.
부서진 계란 껍질이 날카로울 수 있으니 손으로 누를 때 주의해 주세요.

**발달 영역**

소근육 발달 · 건강/안전 인식 · 자기 조절 능력 · 오감 자극 · 과학적 탐구

**준비물**

계란 껍질, 비닐(지퍼백으로 대체 가능), 망치, 물감

놀이 영상 

# 크리스마스 카드 만들기

1. 트리 모양 또는 눈사람 모양으로 색지를 자유롭게 잘라 주세요.
2. 겨울 모양 카드 위에 꾸미기 재료를 활용해 자유롭게 꾸며 보아요.
3. 카드 속지에는 마음을 전달하고 싶은 사람에게 편지를 적어 보아요.

**쉬운 놀이**

글자 쓰기가 어렵다면, 그림 그리기 또는 글자 따라 쓰기로 대체할 수 있어요.

미술 표현 능력 · 창의력 발달 · 감성 발달 · 언어 능력 발달

**준비물**

색지, 가위, 풀, 꾸미기 재료(크리스마스 스티커, 솜 등)

# 나만의 가방 만들기

1. 집에 있는 종이 가방 중 원하는 크기의 가방을 직접 골라요.
2. 색종이를 마음 가는 대로 찢어요.
3. 찢어진 색종이를 이용해 내가 고른 종이 가방을 꾸며 보아요.

**어려운 놀이**

사전에 만들고 싶은 가방을 구상해 보고 그리기 도구나 꾸미기 재료를 추가해 보세요.

**발달 영역**

소근육 발달 / 긍정적 자아 인식 / 오감 자극 / 창의력 발달 / 미술 표현 능력

**준비물**

종이 가방, 색종이, 풀

놀이 블로그 

# 계절별 이름 맞추기

1. 워크지를 보며 사계절의 특징에 대해 이야기를 나누어요.
2. 사계절 이름을 따라 써 보아요.
3. 각 계절별 상징하는 사진을 가위로 잘라 분류하여 붙여 보아요.

**Tip** 계절의 내용을 담은 그림책과 연계할 수 있어요.

**발달 영역** 과학적 탐구 / 언어 능력 발달 / 긍정적 자아 인식 / 자연보호 / 소근육 발달

**준비물** 워크지, 쓰기 도구, 가위, 풀

워크지 

# 메이크업 아티스트가 되어 보세요

1. 사용하지 않는 화장품을 모아 어떻게 쓰는지 이야기를 나누어요.
2. 화장품을 사용하여 워크지를 꾸며 주세요.
3. 완성된 얼굴 모습을 보며 이야기를 나누어요.

**Tip** 아이 또는 가족의 얼굴을 인쇄하여 꾸며 보세요.

**발달 영역** 긍정적 자아 인식 · 사회성 발달 · 창의력 발달 · 호기심 발달 · 소근육 발달

**준비물** 사용하지 않는 화장품, 워크지

워크지 

# 센서리백 만들기

**놀이 순서**

1. 도화지를 반을 접어 테두리만 남기고 안쪽을 잘라낸 다음 다른 한쪽 면에 그림을 그려 보아요.
2. 도화지 반쪽 크기에 맞는 지퍼백에 물풀과 스팽글(파츠, 단추 등)을 넣어 그림 위에 단단하게 붙여요.
3. 도화지 앞, 뒷면 테두리도 붙여 센서리백을 완성한 후 촉감을 느껴 보아요.

**Tip**

도화지 한쪽 면을 사각형 외에 눈사람, 트리 등 좋아하는 모양으로 잘라도 좋아요

**발달 영역**

과학적 탐구 / 오감 자극 / 미술 표현 능력 / 창의력 발달 / 호기심 발달

**준비물**

도화지, 지퍼백, 네임펜, 물풀, 스팽글(파츠, 단추 등), 테이프

# 쑥쑥 자라는 알록달록 코인티슈

**놀이 순서**

1. 투명한 컵에 물을 붓고 식용 색소를 섞어 주세요.
2. 트레이 위에 코인티슈를 놓고 스포이트로 색깔 물을 뿌려요.
3. 코인티슈가 자라는 모습을 관찰해요.

**Tip**

스포이트가 없다면 아이들 약병으로 대체할 수 있어요.

**발달 영역**

과학적 탐구 / 오감 자극 / 감성 발달 / 호기심 발달 / 소근육 발달

**준비물**

코인티슈, 식용 색소(물감으로 대체 가능), 트레이, 투명 용기, 스포이트, 물

놀이 블로그

# 산타 할아버지 얼굴 꾸미기

1. 산타 할아버지는 어떻게 생겼는지에 대해 이야기해 보아요.
2. 종이에 산타 할아버지 얼굴을 크게 그리고 색칠해 보아요.
3. 솜으로 산타 할아버지의 수염을 표현해 보아요.

산타 할아버지에게 받고 싶은 선물을 써볼 수 있어요.

언어 능력 발달 | 오감 자극 | 미술 표현 능력 | 호기심 발달

준비물

도화지, 그리기 도구(색연필 등), 솜, 목공풀

# 쉿! 비밀 무전기를 만들어요

1. 키친타월 심 가운데 구멍에 입을 대고 말해 보아요.
2. 꾸미기 재료로 키친타월 심을 꾸며 무전기를 만들어요.
3. 다른 사람과 비밀 무전기로 이야기를 나누어요.

**Tip** 키친타월 심이 없다면 비슷한 원통 모양의 재활용품을 활용해 보세요.

**발달 영역** 언어 능력 발달 · 긍정적 자아 인식 · 자기 조절 능력 · 사회성 발달

**준비물** 키친타월 심, 그리기 도구, 꾸미기 재료

# 선물 포장 놀이

1. 예쁜 선물 상자들 사진을 감상해요.
2. 택배 상자 중 포장할 수 있는 적당한 크기의 상자를 골라요.
3. 포장지 또는 색지를 활용해 상자를 포장해 보세요.

**Tip** 크리스마스 트리 밑에 직접 포장한 선물을 쌓아 크리스마스 분위기를 느껴 볼 수 있어요.

**발달 영역** 감성 발달 · 소근육 발달 · 사회성 발달 · 미술 표현 능력 · 창의력 발달

**준비물** 종이 상자, 포장지(색종이, 색지로 대체 가능), 테이프, 가위

# 치즈볼 만들기

**놀이 순서**

1. 찍기 틀로 치즈를 콕콕 찍어 모양을 만들어요.
2. 찍어 낸 치즈를 종이 호일 위에 올려 주고 전자레인지에 1분 30초 돌려 주면 완성이에요.
3. 바삭바삭 완성된 치즈볼을 맛있게 먹어 보세요.

**Tip**

치즈볼은 넓이 1cm 정도가 적당해요. 전자레인지의 기능에 따라 시간을 조절해 주세요.

**발달 영역**

소근육 발달 · 건강/안전 인식 · 긍정적 자아 인식 · 호기심 발달 · 과학적 탐구

**준비물**

슬라이스 치즈, 모양 찍기 틀, 전자레인지, 종이 호일

놀이 블로그

# 손이 시려워 꽁!
# 발이 시려워 꽁!

**놀이 순서**

1. 〈겨울바람〉 음원 들으며 노래를 불러요.
2. '꽁' 글자가 나오는 부분에 박수를 쳐요.
3. '손이~꽁!' 가사에는 손뼉을, '발이~꽁!' 가사에는 발 박수를 쳐 보아요.

**Tip**

아이가 좋아하는 노래를 선택해 반복되는 단어에 손뼉치기 놀이를 즐겨 볼 수 있어요.

**발달 영역**

사회성 발달 · 자기 조절 능력 · 긍정적 자아 인식 · 음악/신체 표현 능력 · 대근육 발달

**준비물**

〈겨울바람〉 음원

# 무슨 소리일까요?

놀이 순서

1. 여러 가지 도구와 기계의 소리를 들어 보아요.
2. 소리를 듣고 어떤 소리인지 맞춰 보아요.
3. 집에서 비슷한 소리가 나는 도구와 기계를 찾아 보아요.

어려운 놀이

우리 집에 있는 도구와 기계를 자유롭게 소리 내어 연주하고, 녹음하여 멋진 음악을 만들어 보세요.

발달 영역

과학적 탐구 / 오감 자극 / 언어 능력 발달 / 사회성 발달

준비물

도구와 기계 소리

# 우유팩 스케이트 놀이

**놀이 순서**

1. 얼음 위에서 타는 스케이팅은 어떤 스포츠인지 알아 보아요.
2. 우유팩의 가운데 부분을 뚫어 스케이트 형태를 만들고, 꾸미기 재료를 활용하여 꾸며 보아요.
3. 완성된 스케이트에 발을 끼우고, 즐겁게 타 보아요.

**Tip**

음악에 맞춰 신체 표현을 하며 피겨 스케이팅을 즐길 수 있어요.

**발달 영역**

대근육 발달 / 음악/신체 표현 능력 / 건강/안전 인식 / 긍정적 자아 인식 / 자기 조절 능력

**준비물**

우유팩, 가위, 꾸미기 재료

# 수만큼 꽂아요 주사위 놀이

**놀이 순서**

1. 상자 뚜껑에 좋아하는 그림을 그리고 선 위에 송곳으로 구멍을 30개 뚫어 주세요.
2. 주사위를 던져 나온 숫자만큼 과일꽂이를 구멍에 꽂아 주세요.
3. 30개를 먼저 꽂은 사람이 승리!

**어려운 놀이**

놀이가 금방 끝나 아쉬워한다면 30개를 꽂은 후 다시 빼는 것까지 왕복으로 놀이해 보세요.

**발달 영역**

수학적 탐구 사회성 발달 자기 조절 능력 약속/규칙 정하기 소근육 발달

**준비물**

상자 뚜껑(우드락으로 대체 가능), 송곳, 주사위, 과일꽂이.

# 겨울 풍경 그리기

1. 눈 오는 겨울 풍경에 대해 이야기를 나누어요.
2. 검정 도화지에 흰색 크레파스로 자유롭게 그림을 그려 보아요.
3. 면봉을 사용해 물감을 찍고 겨울 풍경을 꾸며요.

**Tip**

면봉 외 붓, 솜 공, 손가락 등을 사용해 자유롭게 찍어 꾸며 볼 수 있어요.

**발달 영역**

미술 표현 능력 · 창의력 발달 · 언어 능력 발달 · 소근육 발달

**준비물**

검정 도화지, 흰색 물감, 흰색 크레파스, 면봉

놀이 영상

# 날아라 풍선 로켓

1. 3cm 정도 길이의 빨대 조각을 실에 꿰고 실 끝은 벽면에 고정시켜 주세요.
2. 풍선을 적당한 크기로 불고 윗부분은 빨대에 붙여 고정시켜요.
3. 실을 팽팽하게 잡아당긴 후, 잡고 있던 풍선 끝부분을 놓아 풍선 로켓을 발사해요.

실에 풍선을 고정시켜서 날리기 어렵다면 풍선을 적당한 크기로 불고 나서 손을 놓아 풍선이 날아가는 모습을 관찰해요.

발달 영역

과학적 탐구 · 호기심 발달 · 대근육 발달 · 소근육 발달 · 창의력 발달

준비물

풍선, 빨대, 테이프, 실, 가위

놀이 영상 

# 솔방울 미니 트리 만들기

1. 솔방울에 물감을 칠하고 나서 충분히 건조시켜요.
2. 솜 공, 스팽글, 와이어 조명 등 꾸미기 재료를 활용하여 트리를 꾸며 보아요.
3. 나무 아랫부분에 클레이 화분을 만들어 고정한 뒤 트리를 완성해 보아요.

클레이 화분 대신 나무 막대와 끈을 활용해 모빌을 만들어도 좋아요.

미술 표현 능력 · 창의력 발달 · 감성 발달 · 소근육 발달 · 과학적 탐구

**준비물**

솔방울, 물감, 붓, 꾸미기 재료(솜 공, 스팽글 등), 와이어 조명, 클레이

# 우리 집 가전제품 이름표 만들기

1. 우리 집에 있는 다양한 가전제품의 이름을 알아 보아요.
2. 워크지에 나온 가전제품의 이름을 따라 써요.
3. 이름과 똑같은 가전제품을 찾아 이름표를 붙여요.

글자를 쓸 수 있다면 가전제품 사용 설명서를 만들어 볼 수도 있어요.

언어 능력 발달 | 과학적 탐구 | 건강/안전 인식 | 소근육 발달

준비물

워크지, 쓰기 도구, 테이프, 가위

워크지 

# 큰 상자 안에 작은 상자

1. 다양한 크기의 상자를 가지고 쌓기 놀이를 해 보아요.
2. 상자를 크기 순서대로 나열해 보아요.
3. 큰 상자 안에 작은 상자를 차례대로 넣어요.

**쉬운 놀이** 아직 크기 비교가 어렵다면, 상자를 쌓고 무너뜨리기 놀이를 즐겨볼 수 있어요.

**발달 영역** 수학적 탐구 / 문제 해결 능력 / 호기심 발달 / 소근육 발달 / 긍정적 자아 인식

**준비물** 다양한 크기의 상자

# 종이컵 미용실 놀이

놀이 순서

1. 종이컵 윗부분에 색종이를 고정하고 적당한 간격으로 잘라 머리카락 모양으로 만들어요.
2. 그리기 도구를 사용하거나 스티커를 붙여 얼굴을 꾸며 보아요.
3. 가위로 색종이 머리카락을 잘라 머리 모양을 꾸며 보아요.

Tip

색종이 머리카락을 돌돌 말아 파마를 해주거나, 머리핀, 고무줄을 활용하면 더 재미있게 놀이할 수 있어요.

발달 영역

창의력 발달 / 미술 표현 능력 / 감성 발달 / 사회성 발달 / 소근육 발달

준비물

종이컵, 색종이, 가위, 테이프, 그리기 도구

놀이 영상

# 리본 막대 신체 표현

1. 하드바에 그림을 그리거나, 스티커를 붙여 꾸며 보세요.
2. 리본끈을 길게 풀어 하드바에 고정시켜 리본 막대를 완성해요.
3. 좋아하는 음악의 리듬에 맞춰 리본 막대를 흔들며 자유롭게 우리 몸을 표현해 보아요.

리본의 길이가 너무 길면 아이가 발에 걸려 넘어질 수 있으므로 길이를 조절하여 안전하게 놀이해 보세요.

음악/신체 표현 능력 · 대근육 발달 · 미술 표현 능력 · 긍정적 자아 인식 · 사회성 발달

준비물

하드바(나무젓가락으로 대체 가능), 그리기 도구, 꾸미기 재료, 리본끈, 테이프

# 물 실로폰

**놀이 순서**

1. 유리컵 5개에 각각 물 양을 다르게 담아 '도레미파솔' 음을 맞추어요.
2. 젓가락으로 컵을 두드리면서 각각 어떻게 다른 음이 나는지 살펴 보아요.
3. '도레미파솔'로 연주 가능한 노래를 연주해요.

**Tip**

식용 색소나 물감을 섞어 주면 물의 높이를 더욱 선명하게 관찰할 수 있어요.

**발달 영역**

음악/신체 표현 능력 · 감성 발달 · 오감 자극 · 과학적 탐구 · 자기 조절 능력

**준비물**

유리컵, 물, 젓가락

# 털실 직조 놀이

**놀이 순서**

1. 두꺼운 종이를 잘라 모양을 만들거나 나무 막대를 자유롭게 연결하여 직조 틀을 만들어 주세요.
2. 털실을 지그재그로 자유롭게 감아 직조 짜기를 해 보아요.
3. 완성된 작품을 감상해 보세요.

끈의 재질, 굵기 등에 따라 직조 놀이를 다양한 방법으로 즐겨볼 수 있어요.

소근육 발달 · 오감 자극 · 창의력 발달 · 과학적 탐구 · 수학적 탐구

**준비물**

두꺼운 종이(나무 막대, 자연물로 대체 가능), 털실

# 알록달록 유리창을 꾸며요!

**놀이 순서**

1. 유리창에 마스킹 테이프를 붙여 아이가 좋아하는 모양을 만들어 주세요.
2. 분무기로 유리창에 물을 뿌리고 자른 셀로판지를 붙여 보아요.
3. 햇빛에 비치는 색깔을 관찰해 보아요.

**어려운 놀이**

어떤 모양으로 만들고 싶은지 이야기한 후 테이프를 사용해서 함께 만들어요.

**발달 영역**

과학적 탐구 / 오감 자극 / 감성 발달 / 미술 표현 능력 / 소근육 발달

**준비물**

검정색 마스킹 테이프(전기테이프로 대체 가능), 분무기, 물, 셀로판지, 가위

놀이 영상 

# 비닐 연아
# 높이 높이 날아라

놀이 순서

1. 투명 비닐에 새해 소원을 적은 후 꾸며 보세요.
2. 봉지의 막힌 부분에 색종이를 잘라 붙여 연꼬리를 만들고, 입구 부분 양쪽으로 실을 연결해 주세요.
3. 바람 부는 방향을 관찰하고 비닐 연을 날려 보아요.

Tip

연을 높이 날려 보고 싶다면 연타래를 함께 만들어 보세요.

발달 영역

과학적 탐구 / 호기심 발달 / 대근육 발달 / 언어 능력 발달 / 미술 표현 능력

준비물

투명 비닐, 네임펜, 실, 가위, 테이프, 색종이

# 구멍에 쏙쏙 꽂아요

1. 주변에서 채반과 같이 구멍이 있는 도구를 찾아 보아요.
2. 구멍에 맞춰 젓가락을 쏘~옥 넣어 보아요.
3. 과일꽂이, 면봉, 파스타면 등 다른 물건도 구멍에 넣어 보아요.

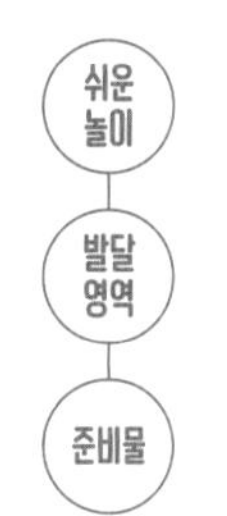


작은 구멍에 넣기가 어렵다면 큰 구멍이 있는 도구를 찾아 보세요.

소근육 발달 | 건강/안전 인식 | 긍정적 자아 인식 | 자기 조절 능력 | 과학적 탐구

채반, 젓가락, 면봉

놀이 영상

# 스크래치 놀이

1. 도화지 위에 칸을 나누어 여러 가지 색을 칠해 보세요.
2. 그림 위에 검정색 크레파스를 빈틈없이 색칠해요.
3. 검정 도화지 위에 나무 스틱으로 그림을 그려 보아요.

**쉬운 놀이**

간단하게 스크래치북을 활용해서 놀이할 수 있어요.

**발달 영역**

미술 표현 능력 · 창의력 발달 · 감성 자극 · 호기심 발달 · 소근육 발달

**준비물**

도화지(스크래치북으로 대체 가능), 크레파스, 나무 스틱

놀이 영상 

# 색종이 문양 만들기

1. 색종이 한 장을 2~3번 접어 주세요.
2. 접은 상태에서 모서리 부분 또는 안쪽 면을 잘라 보아요.
3. 색종이를 다시 펼쳐서 완성된 문양을 감상해요.

아직 가위 사용이 어렵다면, 자유롭게 손으로 찢어 멋진 작품을 만들 수 있어요.

소근육 발달 / 건강/안전 인식 / 감성 발달 / 미술 표현 능력 / 호기심 발달

준비물

색종이, 가위

# 어묵탕 만들기

1. 넙적한 어묵은 모양 틀로 찍고, 긴 어묵과 어묵볼은 나무 꼬치에 끼워 보아요.
2. 어묵탕을 끓여요.
3. 직접 만든 어묵탕을 맛있게 먹어요.

**Tip** 아이가 좋아하는 다른 재료들도 탐색한 뒤 어묵탕에 넣어 보세요.

**발달 영역** 건강/안전 인식 · 소근육 발달 · 긍정적 자아 인식 · 오감 자극 · 과학적 탐구

**준비물** 어묵탕 만들기 재료, 모양 틀, 나무 꼬치

놀이 영상 

# 스스로 부풀어 오르는 장갑 실험

1. 네임펜으로 라텍스 장갑을 예쁘게 꾸며요.
2. 페트병 아래 부분을 칼로 자르고 자른 부분에 라텍스 장갑을 끼워 주세요.
3. 물이 담긴 대야에 페트병을 세워 넣었을 때 부풀어 오르는 장갑을 관찰해 보아요.

Tip

잘린 부분이 매끄럽지 않으면 테이프를 잘린 부분에 둘러 주세요.

과학적 탐구 / 호기심 발달 / 문제 해결 능력 / 자기 조절 능력 / 미술 표현 능력

준비물

라텍스 장갑, 칼, 네임펜, 테이프, 페트병(1.5L 이상 추천), 대야, 물

# 같은 숫자는 어디 있을까?

1. 동그란 스티커에 1~30까지 숫자를 써서 계란판에 붙이고, 1~30까지 소리 내어 말해 보세요.
2. 동그란 스티커에 1~30까지 숫자를 써서 병뚜껑에 하나씩 붙여요.
3. 계란판에 적힌 숫자와 같은 숫자의 병뚜껑을 찾아 넣어 보세요.

**Tip** 아직 1~30까지 수가 어렵다면 작은 계란판을 활용해 난이도를 조절할 수 있어요.

**발달 영역** 수학적 탐구 · 문제 해결 능력 · 호기심 발달 · 긍정적 자아 인식 · 소근육 발달

**준비물** 계란판, 플라스틱 병뚜껑, 동그란 스티커, 네임펜

# 알록달록 색 혼합 놀이

**놀이 순서**

1. 물이 담긴 투명컵에 식용 색소를 뿌려 흘러내리는 모습을 관찰해요.
2. 젓가락으로 물과 색소를 섞어 보아요.
3. 투명컵에 색소를 추가하거나 다른 색깔의 물을 섞어 색의 농도나 혼합되는 모습을 관찰해요.

**Tip**

물감을 활용해도 좋지만 조금 더 선명한 색 변화는 식용 색소를 활용하는 것이 좋아요.

**발달 영역**

과학적 탐구 · 미술 표현 능력 · 감성 발달 · 호기심 발달 · 소근육 발달

**준비물**

식용 색소, 투명컵, 물, 젓가락

# 옷걸이 풍선 배드민턴

**놀이 순서**

1. 옷걸이 가운데 부분을 잡아 당겨 마름모 모양을 만들어 주세요.
2. 모양이 잡힌 옷걸이에 스타킹을 씌워 손잡이 부분을 단단하게 묶어 주세요.
3. 완성된 채를 활용해 풍선으로 배드민턴 놀이를 해요.

**Tip**

옷걸이 라켓을 만들기 번거롭다면, 집에 있는 아이 놀잇감을 활용해도 좋아요.

**발달 영역**

대근육 발달 · 소근육 발달 · 사회성 발달 · 건강/안전 인식 · 약속/규칙 정하기

**준비물**

풍선, 옷걸이, 스타킹

놀이 영상 

# 색 빨대로 목걸이를 만들어요

**놀이 순서**

1. 놀이 트레이에 다양한 크기의 색 빨대를 담아 주세요.
2. 끈의 시작 부분을 단단하게 고정하고 색 빨대를 차례차례 꿰어 보세요.
3. 다 꿰었으면 끝부분을 단단하게 묶어 완성해요.

**Tip**

끈의 끝부분을 안전 바늘에 묶어 주거나 테이프로 감아 고정시켜 주면
조금 더 수월하게 꿰어 볼 수 있어요.

**발달 영역**

소근육 발달 / 감성 발달 / 긍정적 자아 인식 / 자기 조절 능력 / 사회성 발달

**준비물**

색 빨대, 가위, 끈, 안전 바늘(생략 가능)

# 별자리 만들기

1. 여러 가지 별자리 모양을 탐색해요.
2. 별자리 모양에 따라 별 모양 스티커를 붙여 보세요.
3. 흰색 펜으로 스티커를 이어 별자리를 완성해 보세요.

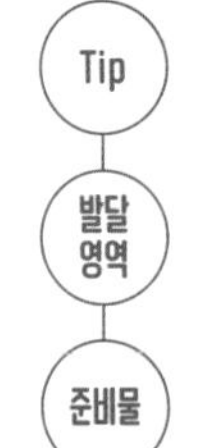


형광 별 모양 스티커를 활용하면 더욱 실감나는 밤하늘의 별자리를 연출해 볼 수 있어요.

과학적 탐구 · 수학적 탐구 · 자연보호 · 감성 발달 · 소근육 발달

흰색 펜, 검정 도화지, 별 모양 스티커

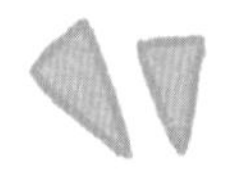

# 나만의 노트북을 만들어요

1. 노트북의 생김새와 사용법, 기능을 알아 보아요.
2. 상자의 바닥 면에 노트북 키보드를 만들어요.
3. 상자의 뚜껑에는 노트북 화면을 만들고 화면 안쪽을 자유롭게 꾸며 보아요.

**Tip**

나만의 노트북을 만들어서 역할 놀이의 소품으로 사용해 보세요.
도화지에 다른 그림을 그려 배경 화면을 바꿔 주어도 좋아요.

**발달 영역**

사회성 발달 · 긍정적 자아 인식 · 창의력 발달 · 미술 표현 능력 · 소근육 발달

**준비물**

재활용 상자, 테이프, 가위, 그리기 도구, 꾸미기 재료

# 매직블록 도장 찍기

놀이 순서

1. 캔버스 위에 여러 색의 물감을 짜 주세요.
2. 매직블록으로 물감을 쿵쿵 찍어 보세요.
3. 문지르기, 도장 찍기 등 다양한 방법으로 표현해 작품을 완성하고 감상해 보아요.

캔버스 위에 롤러를 사용해 굴려 작품을 완성해도 좋아요.

미술 표현 능력 · 창의력 발달 · 오감 자극 · 감성 발달 · 소근육 발달

준비물

캔버스, 매직블록, 물감

# 얼음 속 보물찾기

1. 얼음 틀에 물과 피규어를 넣고 얼려 주세요.
2. 꽁꽁 언 얼음 조각을 트레이에 놓고 얼음의 촉감을 느껴 보아요.
3. 망치로 두드리거나 따뜻한 물로 부어서 얼음 속 보물을 찾아봐요.

Tip

아이가 좋아하는 작은 장난감이나 과일, 젤리 등을 활용하면
아이가 더 적극적으로 참여해요.

소근육 발달 · 대근육 발달 · 건강/안전 인식 · 자기 조절 능력 · 과학적 탐구

얼음 틀, 물, 나무 망치, 작은 피규어, 트레이

놀이 영상

# 병원 놀이

1. 병원에 가보았던 경험을 떠올려 의사, 간호사, 환자의 역할에 대해 이야기 나누어요.
2. 병원에서 필요한 소품을 준비해요.
3. 의사와 환자 역할을 정해 병원 놀이를 해 보세요.

**Tip** 인형을 환자 역할로 활용하고 병원과 약국 놀이로 확장해 보세요.

**발달 영역** 사회성 발달 / 언어 능력 발달 / 긍정적 자아 인식 / 건강/안전 인식

**준비물** 병원 놀이 소품

# 빨래집게 모양 놀이

1. 빨래집게를 탐색해 보아요.
2. 옷, 종이 접시, 인형 등에 빨래집게를 꽂아 보아요.
3. 빨래집게를 여러 개 연결하여 모양을 만들어요.

**Tip** 방울이 달린 집게를 옷에 꽂고 신나게 몸을 흔들면 방울 소리를 낼 수 있어요.

**발달 영역** 소근육 발달 / 대근육 발달 / 창의력 발달 / 음악/신체 표현 능력 / 과학적 탐구

**준비물** 빨래집게, 종이 접시(인형 등)

# 핫초코를 만들어요

1. 추운 겨울 몸을 따뜻하게 해주는 음식은 무엇이 있을지 이야기해 보아요.
2. 따뜻한 우유에 핫초코 가루를 넣어 녹여요.
3. 2번에 우유를 추가로 붓고 전자레인지에 돌려 주면 핫초코 완성!

우유가 너무 뜨거우면 위험하므로 주의해 주세요.

소근육 발달 · 건강/안전 인식 · 오감 자극 · 과학적 탐구

준비물

핫초코 가루, 우유, 작은 숟가락

# 이불 텐트 만들기

1. 간단한 가구와 이불을 활용해서 원하는 모양의 텐트를 만들어 보아요.
2. 이불 텐트 안에서 자유롭게 캠핑 놀이를 즐겨 보아요.
3. 손전등을 활용해서 그림자 놀이를 할 수도 있어요.

**Tip**

그림책 《텔레비전이 고장났어요》의 독후 활동으로도 즐겨 볼 수 있어요.

**발달 영역**

문제 해결 능력 · 자기 조절 능력 · 책과 이야기 · 창의력 발달 · 과학적 탐구

**준비물**

이불, 의자, 캠핑 놀이 소품

놀이 블로그 

# 담요 썰매를 타요

1. 부드러운 촉감의 담요 위에 앉아요.
2. 다른 한 사람이 담요를 끌어 주는 방법으로 담요 썰매를 타요.
3. 앉아서 타기, 엎드려 타기 등 다양한 자세로 중심을 잡으며 썰매 타기를 즐겨 보아요.

속도, 방향을 달리하여 담요를 끌어주면 더욱 재미있게 담요 썰매 놀이를 즐길 수 있어요.

대근육 발달 · 소근육 발달 · 건강/안전 인식 · 사회성 발달 · 긍정적 자아 인식

준비물

담요

# 두 발 모아 점프

**놀이 순서**

1. 블록, 책 등 낮은 장애물을 차례대로 놓아 주세요.
2. 장애물을 따라 뛰어 넘어요.
3. 뛰어 넘은 뒤 점점 더 높은 장애물로 바꾸어서 뛰어 넘어 보아요.

**어려운 놀이**

장애물 높이를 높여 주거나 한 발 뛰기 등 난이도를 조절해 흥미를 북돋아 주세요.

**발달 영역**

대근육 발달 · 긍정적 자아 인식 · 자기 조절 능력 · 약속/규칙 정하기 · 건강/안전 인식

**준비물**

장애물이 될 수 있는 놀잇감

# 책 전시회

1. 그동안 만들었던 책들을 모아 전시할 수 있는 전시장을 구성해 보세요.
2. 책들이 잘 보이도록 비치하고, 작가 이름과 작품명을 써서 붙여요.
3. 전시회를 구경하는 사람들에게 작품을 설명해 보세요.

**Tip** 혹시 만든 책이 없다면, 집에 있는 그림책들을 전시해도 좋아요.

**발달 영역** 언어 능력 발달 / 긍정적 자아 인식 / 사회성 발달 / 책과 이야기

**준비물** 내가 만든 책, 블록(책상으로 대체 가능), 그리기 도구, 종이

# 사라진 도구는 무엇일까?

1. 집에서 사용하는 도구를 나열해 보세요.
2. 한 사람은 잠시 눈을 감고, 다른 사람은 도구 하나를 집어 보이지 않게 숨겨요.
3. 어떤 도구가 없어졌는지 맞춰 보아요.

숨기는 사람과 찾는 사람의 역할을 바꿔 놀이해 볼 수도 있어요.

사회성 발달 · 약속/규칙 정하기 · 문제 해결 능력 · 호기심 발달 · 과학적 탐구

준비물

집 안에 있는 다양한 도구들

# 독서왕이 되었어요

1. 11월 1일에 만든 독서왕 스티커판을 보며 이야기 나누어요.
2. 독서왕 상장을 만들거나 QR 코드를 통해 상장을 출력해요.
3. 독서왕이 된 것을 축하하며 상장 수여식을 해 보아요.

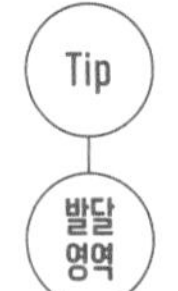


11월 1일날 만든 독서왕 스티커판에 스티커를 모두 채운 후 시상식을 열어 보세요.

긍정적 자아 인식 · 자기 조절 능력 · 사회성 발달 · 약속/규칙 정하기 · 미술 표현 능력

워크지

워크지 

1

# 우유 마블링 그림

**놀이 순서**

1. 트레이에 우유를 붓고 그 위에 식용 색소를 천천히 떨어뜨려요.
2. 색깔 마블링이 생기는 모습을 관찰하면서 막대로 그림을 그려요.
3. 그 위에 주방 세제를 묻힌 면봉을 콕 찍어서 색이 번지는 모습을 관찰해요.

**Tip**

물감을 사용해도 되지만 식용 색소가 훨씬 선명한 마블링이 생겨 잘 관찰할 수 있어요.

**발달 영역**

미술 표현 능력 / 과학적 탐구 / 감성 발달 / 오감 자극 / 소근육 발달

**준비물**

우유, 식용 색소(물감으로 대체 가능), 스포이트(약병으로 대체 가능), 막대, 면봉, 주방 세제, 트레이

놀이 영상

# 관절인형 만들기

놀이 순서

1. 도화지에 그림책 속 주인공의 얼굴, 몸통, 팔, 다리를 각각 그린 뒤 잘라 색칠해 보세요.
2. 펀치로 구멍을 뚫어 얼굴, 몸통, 팔, 다리를 할핀으로 연결해요.
3. 그림책 속 주인공 관절인형을 조작하며 놀이해요.

Tip

할핀을 꽂은 곳은 안전을 위해 뒷쪽에 테이프를 붙여 마감처리를 해 주세요.

발달 영역

소근육 발달 / 창의력 발달 / 호기심 발달 / 미술 표현 능력 / 수학적 탐구

준비물

도화지, 네임펜, 가위, 할핀, 그리기 도구, 펀치

# 내 뚜껑을 찾아라

**놀이 순서**

1. 여러 가지 크기와 모양의 용기를 준비해요.
2. 용기의 뚜껑을 모두 열어 섞어 주세요.
3. 용기에 맞는 뚜껑을 찾아서 닫아요.

**Tip**

뚜껑을 직접 닫아서 소근육을 발달시키고, 뚜껑을 닫은 후에는 쌓기 놀이로도 즐길 수 있어요.

**발달 영역**

소근육 발달 / 대근육 발달 / 수학적 탐구 / 문제 해결 능력 / 호기심 발달

**준비물**

모양과 크기가 다른 용기, 용기 뚜껑

놀이 영상 

# 사파리 스몰 월드

1. 야생동물 그림책을 보며 동물의 특징, 먹이, 서식지 등에 대해 이야기를 나누어요.
2. 트레이에 점토, 나무 조각, 피규어 등 재료들을 활용하여 각 동물의 서식지를 만들어요.
3. 동물 피규어를 활용해 사파리 스몰 월드 놀이를 해 보아요.

**Tip** 야생 동물이 아니더라도, 아이가 좋아하는 동물들의 집과 환경을 구성할 수 있어요.

**발달 영역** 과학적 탐구 / 생명 존중 / 자연보호 / 책과 이야기 / 창의력 발달

**준비물** 트레이, 나무 조각, 클레이, 동물 피규어, 꾸미기 재료(돌멩이, 모스 등)

놀이 영상 

# 과자 상자로 퍼즐을 만들어요

**놀이 순서**

1. 좋아하는 과자 상자의 표지를 살펴 보아요.
2. 과자 상자를 다양한 모양으로 잘라 퍼즐 조각을 만들어요.
3. 퍼즐 조각을 맞춰 보며 놀이해요.

**Tip**

발달 수준에 따라 과자 상자의 퍼즐 조각 수를 조절해 주세요.

**발달 영역**

수학적 탐구 / 호기심 발달 / 문제 해결 능력 / 긍정적 자아 인식 / 소근육 발달

**준비물**

과자 상자, 가위

# 지갑 만들기

1. 종이 지갑 접는 방법을 찾아 보세요.
2. 종이로 접은 지갑을 자유롭게 꾸며요.
3. 지폐, 동전 모양의 가짜 돈을 만들어 지갑 안에 넣어요.

**Tip** 종이의 크기를 다르게 하면 다양한 크기의 지갑을 만들어 볼 수 있어요.

**발달 영역** 수학적 탐구 / 소근육 발달 / 문제 해결 능력 / 약속/규칙 정하기 / 생활 습관

**준비물** 종이, 그리기 도구, 꾸미기 재료, 풀, 테이프

# 색깔별로 나누어요

1. 색깔 바구니를 정렬하고 출발선을 정해 보아요.
2. '준비~ 출발!' 신호에 맞춰 바구니와 같은 색의 놀잇감을 찾아 담아 보세요.
3. 색깔 바구니에 어떤 물건들이 담겨 있는지 살펴 보아요.

**어려운 놀이**

각자 색깔 바구니를 정해서 노래 한 곡이 끝날 때까지 누가 더 많은 물건을 바구니에 넣을 수 있는지 놀이로 즐겨 보세요.

**발달 영역**

약속/규칙 정하기 · 문제 해결 능력 · 과학적 탐구 · 수학적 탐구 · 사회성 발달

**준비물**

색깔 바구니, 여러 가지 색의 놀잇감

# 음표 박자 놀이

**놀이 순서**

1. 종이 위에 ♩, ♬ 음표를 표시해 주세요(QR 코드의 워크지를 활용해도 좋아요).
2. 막대를 양 손에 들고 ♩에는 한 번, ♬에는 2번 쳐 보아요.
3. 노래 맞춰 음표를 따라 연주해요.

**어려운 놀이**

좋아하는 노래 박자에 맞게 악보를 만들 수 있고, 노래 맞춰 막대를 연주하며 음악적 감각을 증진시킬 수 있어요.

**발달 영역**

음악/신체 표현 능력 · 오감 자극 · 자기 조절 능력 · 문제 해결 능력 · 감성 발달

**준비물**

워크지 또는 종이, 쓰기 도구, 막대

워크지 

# 재미있는 낚시 놀이

**놀이 순서**

1. 글자 카드에 클립을 꽂아 주세요.
2. 자석 낚싯대로 글자 카드를 낚는 놀이를 해 보아요.
3. 낚은 카드에 적힌 글자나 그림 모양에 대해 이야기를 나누어요.

**어려운 놀이**

아이가 직접 글자 카드를 만들어서 놀이해 볼 수도 있어요.

**발달 영역**

언어 능력 발달 | 소근육 발달 | 약속/규칙 정하기 | 자기 조절 능력

**준비물**

글자 카드, 클립, 자석 낚싯대

놀이 영상

# 주인공에게 보내는 편지

1. 좋아하는 그림책을 소리 내 읽어요.
2. 그림책 속 주인공에게 하고 싶은 말을 떠올려 이야기 나누어요.
3. 그림책 속 주인공에게 전하는 말, 궁금한 점 등을 편지로 써 보세요.

아이가 전하고 싶은 말을 듣고 엄마, 아빠가 그림 옆에 써줄 수 있어요.

언어 능력 발달 · 책과 이야기 · 사회성 발달 · 소근육 발달

**준비물**

워크지 또는 편지지, 쓰기 도구, 꾸미기 재료

워크지 

# 리가토니 목걸이 만들기

놀이 순서

1. 리가토니 파스타 면의 촉감을 탐색해 보아요.
2. 좋아하는 색깔로 파스타 면을 색칠하여 건조시켜요.
3. 파스타 면 구멍에 끈을 꿰어 목걸이를 만들어요.

Tip

물감으로 칠하기 대신 지퍼백에 리가토니 파스타 면과 색소를 넣어 염색시킬 수도 있어요.

발달 영역

소근육 발달 / 오감 자극 / 감성 발달 / 미술 표현 능력 / 과학적 탐구

준비물

리가토니 파스타 면, 끈, 물감, 붓, 지퍼백(생략 가능), 식용 색소(생략 가능)

# 장바구니 놀이

1. 그림책 《장바구니》를 보며 이야기를 나누어요.
2. 엄마는 바구니에 담아 와야 하는 물건을 종이에 표시하여 심부름을 시켜 주세요.
3. 종이를 보면서 물건을 찾아 바구니에 담아요.

물건을 표시할 때 개수를 달리하면 심부름 난이도를 높여줄 수 있어요.

수학적 탐구 · 언어 능력 발달 · 문제 해결 능력 · 약속/규칙 정하기

준비물

종이, 펜, 그림책 《장바구니》

# 양말 짝꿍은 어디 있을까?

1. 여러 가지 색과 디자인의 양말을 준비해 주세요.
2. 같은 양말이 나란히 있지 않도록 섞어 주세요.
3. 같은 색, 같은 디자인의 양말을 찾아 짝을 지어요.

**어려운 놀이** 워크지의 빈 양말에 좋아하는 색과 모양을 그려 패턴을 만들어 보아요.

**발달 영역** 수학적 탐구 / 호기심 발달 / 긍정적 자아 인식 / 문제 해결 능력 / 미술 표현 능력

**준비물** 여러 가지 양말, 워크지

워크지 

# 발레가 좋아

1. 다양한 동작이 나오는 그림책을 읽고 주인공의 동작에 대해 이야기를 나누어요.
2. 그림책 속 동작을 따라해 보아요.
3. 자유롭게 동작을 만들어 보고, 그림을 그리거나 사진을 붙여 나만의 책을 만들어 보아요.

**Tip** 동물의 움직임 따라하기 등 그림책은 자유롭게 선정하세요.

**발달 영역** 대근육 발달 · 소근육 발달 · 음악/신체 표현 능력 · 책과 이야기 · 자기 조절 능력

**준비물** 다양한 동작이 나오는 그림책

놀이 영상

# 나무 목공 놀이

**놀이 순서**

1. 다양한 크기와 모양의 나무 조각을 탐색해요.
2. 목공풀을 사용해 나무 조각을 붙여 보아요.
3. 목공풀을 완전히 건조시킨 후 나무 조각을 추가로 붙이며 멋진 작품을 만들어요.

**쉬운 놀이**

풀 사용이 어렵다면 나무 조각을 나열하거나 쌓는 등 자유롭게 모양 만들기를 즐길 수 있어요.

**발달 영역**

오감 자극 감성 발달 창의력 발달 소근육 발달 자연보호

**준비물**

다양한 크기와 모양의 나무 조각, 목공풀

놀이 영상 

# 적립 카드 만들기

1. 쓰지 않는 실물 카드 앞, 뒤로 시트지를 붙여 주세요.
2. 꾸미기 재료를 활용하여 나만의 카드를 만들어요.
3. 내가 만든 카드의 용도와 쓰임에 대해 이야기를 나누어요.

**Tip** 직접 만든 카드를 활용해 마트 놀이를 즐길 수 있어요.

**발달 영역** 사회성 발달 · 미술 표현 능력 · 창의력 발달 · 소근육 발달 · 수학적 탐구

**준비물** 실물 카드, 네임펜, 무지 시트지, 꾸미기 재료

# 레고 브릭으로 숫자를 만들어요

놀이 순서

1. 레고 브릭판과 여러 가지 크기의 레고 브릭을 준비해 주세요.
2. 1~10까지의 숫자 중에서 하나를 정해 보아요.
3. 레고 브릭판에 레고 브릭을 끼워 숫자 모양을 완성해요.

쉬운 놀이

숫자를 먼저 그려 주고 그 위에 브릭을 놓아 보거나, 숫자 카드를 보면서 숫자 모양을 만들어 보아요.

발달 영역

수학적 탐구 · 소근육 발달 · 약속/규칙 정하기 · 긍정적 자아 인식 · 자기 조절 능력

준비물

여러 가지 크기의 레고 브릭, 레고 브릭판

# 지퍼백 가방 만들기

놀이 순서

1. 투명 지퍼백을 네임펜으로 자유롭게 꾸며 보아요.
2. 펀치로 구멍을 뚫은 뒤 끈을 연결하여 손잡이를 만들어 주세요.
3. 완성된 가방에 담고 싶은 물건을 담아 보아요.

Tip

크로스백, 백팩 등 다양한 형태의 가방을 만들어 보세요.

발달 영역

미술 표현 능력 / 창의력 발달 / 소근육 발달 / 감성 발달 / 긍정적 자아 인식

준비물

투명 무지 지퍼백, 네임펜, 꾸미기 재료(스티커), 펀치, 끈

# 말랑말랑 만득이 인형 만들기

1. 풍선에 깔대기를 끼우고 밀가루를 넣어 주세요.
2. 풍선을 묶고 눈, 코, 입을 그리거나 눈알을 붙여요.
3. 말랑말랑한 촉감을 자유롭게 탐색해 보아요.

**Tip** 밀가루 대신 솜 공, 곡식 등을 넣어 다른 촉감을 느껴 볼 수도 있어요.

**발달 영역** 오감 자극 / 감성 발달 / 호기심 발달 / 긍정적 자아 인식 / 미술 표현 능력

**준비물** 풍선, 밀가루, 깔때기, 네임펜(생략 가능), 눈알(생략 가능)

# 빨래 놀이

놀이 순서

1. 그림책 《도깨비를 빨아버린 우리 엄마》를 보며 이야기를 나누어요.
2. 양말, 손수건 등 빨랫감을 조물조물 빨아 보세요.
3. 탈탈 털어 빨래 건조대에 널어요.

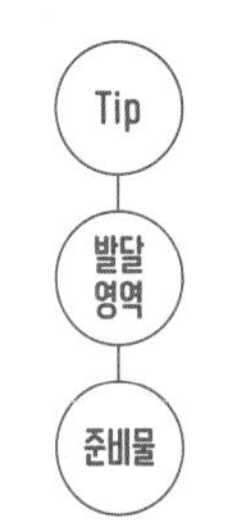

Tip

그림책 《도깨비를 빨아버린 우리 엄마》를 활용해 독후 활동을 진행할 수 있어요.

발달 영역

생활 습관 / 건강/안전 인식 / 소근육 발달 / 책과 이야기 / 오감 자극

준비물

양말, 손수건 등 작은 빨랫감, 그림책 《도깨비를 빨아버린 우리 엄마》

# 숨은 글자를 찾아라!

1. 도화지에 마스킹 테이프를 붙여 글자를 만들어 주세요.
2. 물감을 묻힌 스펀지로 콕콕 찍어 글자를 꾸며 보아요.
3. 마스킹 테이프를 떼어 낸 후 나타나는 글자 모양을 살펴 보아요.

**Tip**

테이프가 잘 떨어질 수 있도록 두 겹으로 붙이면 좋아요!

**발달 영역**

언어 능력 발달 · 소근육 발달 · 미술 표현 능력

**준비물**

도화지, 마스킹 테이프, 물감, 스펀지

# 열기구 책 만들기

1. 도화지를 5장 준비해서 풍선 모양으로 만들어 주세요.
2. 가고 싶은 여행지에 대해 이야기 나누며 각각 5곳을 그림으로 그려요.
3. 풍선을 붙이고 종이컵에 실을 연결해 열기구를 완성해 주세요.

**Tip** 완성된 열기구 책은 아이가 전시하고 싶은 곳에 걸어서 감상해 볼 수 있어요.

**발달 영역** 언어 능력 발달 · 미술 표현 능력 · 긍정적 자아 인식 · 사회성 발달

**준비물** 도화지 5장, 가위, 풀, 실, 종이컵

놀이 블로그 

# 신나는 퍼니콘 놀이

**놀이 순서**

1. 퍼니콘을 물티슈에 콕 찍어서 물을 묻혀 보아요.
2. 퍼니콘끼리 붙이거나 도화지 위에 붙여 보아요.
3. 구체적으로 만들고 싶은 모양을 정해서 만들어 보아요.

**어려운 놀이**

삼각뿔, 정육면체 등 입체도형을 만들어서 도형의 특성을 알아볼 수 있어요.

**발달 영역**

소근육 발달 · 창의력 발달 · 미술 표현 능력 · 과학적 탐구 · 수학적 탐구

**준비물**

퍼니콘, 물티슈, 도화지, 플라스틱 칼(생략 가능)

# 빨대 집 만들기

1. 빨대로 구성하고 싶은 집을 그림으로 그려 보세요.
2. 빨대를 연결해 구성하고 싶은 집 모양을 만들어요.
3. 완성된 빨대 집과 그림을 비교해 보아요.

집이 아닌, 캠핑장 등 자유롭게 구성하고 극놀이로 확장할 수 있어요.

**발달 영역** 수학적 탐구 / 소근육 발달 / 호기심 발달 / 긍정적 자아 인식 / 문제 해결 능력

**준비물** 빨대 블록(색 빨대로 대체 가능), 테이프, 종이, 그리기 도구

놀이 영상 

# 같은 색깔 모여라!
# 레고 브릭 맞추기

놀이 순서

1. 워크지의 레고 브릭 그림에 좋아하는 브릭 색을 칠해요.
2. 내가 색칠한 순서에 따라 브릭을 끼워요.
3. AAB, ABA, ABB 등 나만의 패턴을 만들어 색칠하고 끼워 보아요.

쉬운 놀이

브릭으로 패턴을 만들기 어렵다면 엄마가 만든 브릭의 색을 보고 같은 색의 브릭을 찾아 끼워 보는 활동으로 바꾸어요.

발달 영역

수학적 탐구 / 호기심 발달 / 긍정적 자아 인식 / 약속/규칙 정하기 / 소근육 발달

준비물

워크지, 레고 브릭, 그리기 도구

워크지 

# 알록달록 무지개 물고기

놀이 순서

1. 그림책 《무지개 물고기》를 읽고 무지개 물고기의 모습에 대해 이야기를 나누어요.
2. 도화지에 물고기를 그린 다음 화장솜을 붙여 주세요.
3. 스포이트를 활용하여 식용 색소 섞은 물을 화장솜 위에 떨어뜨리며 무지개 물고기를 꾸며 보아요.

Tip

그림책 《무지개 물고기》를 활용해 독후 활동을 진행할 수 있어요.

발달 영역

책과 이야기 언어 능력 발달 미술 표현 능력 감성 발달

준비물

도화지, 화장솜, 식용 색소, 스포이트(약병으로 대체 가능), 물, 그림책 《무지개 물고기》

놀이 영상 

# 에어캡 물감 놀이

1. 에어캡 조각을 휴지심 끝에 대고 고무줄로 묶어 고정해요.
2. 트레이에 좋아하는 색깔의 물감을 넓게 짜 보아요.
3. 에어캡 막대에 물감을 묻혀 도화지에 콕콕콕 도장을 찍어 보아요.

**Tip**

휴지심이나 종이컵은 아이가 손에 쥘 수 있는 두께로 선택해 주세요.

**발달 영역**

미술 표현 능력 / 오감 자극 / 호기심 발달 / 감성 발달 / 소근육 발달

**준비물**

에어캡, 휴지심(종이컵으로 대체 가능) 고무줄, 도화지, 물감, 트레이(팔레트로 대체 가능)

# 막대 인형극 놀이

1. 인형극 하고 싶은 그림책을 선정하고, 그림책의 등장인물을 종이에 그려요.
2. 완성된 등장인물은 가위로 잘라 나무젓가락에 붙여 막대 인형을 완성해요.
3. 종이 상자 무대 배경을 꾸며 막대 인형극을 즐겨 보아요.

막대 인형 만들기를 생략하고, 피규어로 극놀이를 해요.

**발달 영역**

책과 이야기 · 언어 능력 발달 · 창의력 발달 · 미술 표현 능력

**준비물**

종이 상자, 종이, 나무젓가락, 그리기 도구, 가위, 풀, 테이프

# 셀로판지 안경 놀이

**놀이 순서**

1. 두꺼운 종이를 ○, △, □ 모양으로 자른 후 그보다 작은 크기로 가운데 모양을 뚫어 주세요.
2. 모양이 뚫린 자리에 셀로판지를 붙여 색깔 돋보기를 만들어요.
3. 색깔 돋보기를 눈에 대고 주변을 탐색해 보아요.

**어려운 놀이**

돋보기를 겹쳐서 색상이 혼합되는 모습도 관찰할 수 있어요.

**발달 영역**

과학적 탐구 · 호기심 발달 · 오감 자극 · 감성 발달 · 미술 표현 능력

**준비물**

두꺼운 종이(우드락으로 대체 가능), 셀로판지, 가위 또는 칼, 양면테이프

놀이 영상 

# 바다 스몰 월드

놀이 순서

1. 바다, 해양 생물, 아쿠아리움 주제의 그림책을 함께 읽고 이야기를 나누어요.
2. 바다 모습을 떠올려 트레이에 점토, 자갈, 동물 피규어로 자유롭게 꾸미고 젤라틴 물을 부어 완성해요.
3. 젤라틴 물이 굳으면, 자유롭게 바다 스몰 월드 놀이를 해요.

Tip

뜨거운 물에 젤라틴 가루를 녹인 후(물 100ml당 젤라틴 약 5g 정도) 파란색 식용 색소를 섞어 트레이에 부어준 후 잘 굳도록 식혀 주세요.

발달 영역

과학적 탐구 / 책과 이야기 / 호기심 발달 / 오감 자극 / 창의력 발달

준비물

트레이, 점토, 자갈, 조개, 바다 동물 피규어, 젤라틴, 파랑색 식용 색소, 뜨거운 물, 바다 관련 책

놀이 블로그

# 색깔 모형 신체 놀이

1. 여러 가지 색종이를 ○, △, □ 모양으로 잘라 바닥에 붙여요.
2. 술래를 정해서 '노란색 동그라미!', '파란색 네모!'와 같이 외쳐 보아요.
3. 지시어에 따라 알맞은 색과 모양을 찾아 그 위에 서 보세요.

**어려운 놀이**

'노란색 동그라미에 발을 대고 파란색 네모에 손을 대세요.' 등 지시어를 추가해 볼 수 있어요.

**발달 영역**

사회성 발달 · 자기 조절 능력 · 약속/규칙 정하기 · 대근육 발달 · 수학적 탐구

**준비물**

색종이, 가위, 테이프

# 청개구리 말하기 놀이

1. 《청개구리》 그림책을 보며 "굴개굴개~" 거꾸로 말하는 청개구리에 대해 이야기 해 보아요.
2. 거꾸로 말하기 주제어를 정해 보세요.
3. 엄마, 아빠와 거꾸로 말하기 놀이를 즐겨 보아요.

**어려운 놀이** 글자 쓰기에 흥미가 있다면, 글자 거꾸로 쓰기 놀이를 즐길 수 있어요.

**발달 영역** 문제 해결 능력 · 약속/규칙 정하기 · 사회성 발달 · 자기 조절 능력 · 언어 능력 발달

**준비물** 《청개구리》 그림책(생략 가능)

# 색깔 비가 주룩주룩

1. 도화지에 구름, 우산 등을 그리고 습자지를 찢어 구름 안에 붙여요.
2. 도화지를 세워주고, 분무기로 습자지 위에 물을 뿌려 보아요.
3. 색깔별로 주루룩 물이 떨어지는 모습을 관찰해요.

**Tip** 습자지 물이 들면 잘 지워지지 않으니 트레이를 받쳐 주거나 욕실에서 놀이하면 좋아요.

**발달 영역** 과학적 탐구 · 오감 자극 · 감성 발달 · 미술 표현 능력 · 소근육 발달

**준비물** 습자지, 도화지, 풀, 분무기(스포이트로 대체 가능)

# 마트에 가면

1. 마트 광고지를 살펴 보며 마트에 가면 뭐가 있는지 이야기 나누어요.
2. '마트에 가면' 노래를 천천히 부르며 멜로디를 익혀요.
3. '마트에 가면' 박자에 맞춰 마트에서 파는 물건 이름을 넣어 말놀이를 해 보세요.

**Tip** 마트 대신 동물원, 유치원 등 여러 가지 장소로 바꾸어 말놀이를 즐길 수 있어요.

**발달 영역** 언어 능력 발달 / 긍정적 자아 인식 / 약속/규칙 정하기 / 음악/신체 표현 능력

**준비물** 마트 광고지

# 솜 공 글자 놀이

1. 도화지 위에 양면테이프로 글자를 만들어 붙여 주세요.
2. 글자를 따라 솜 공을 붙여 보아요.
3. 솜 공으로 완성된 글자를 보고 따라 말해 보아요.

**Tip** 솜 공 대신에 아이가 좋아하는 것(젤리, 과자, 장난감 등)을 붙여도 좋아요.

**발달 영역** 언어 능력 발달 / 소근육 발달 / 자기 조절 능력

**준비물** 도화지, 솜 공, 양면테이프

# 책 도미노 놀이

놀이 순서

1. 책 표지가 단단한 그림책을 골라 세워 보아요.
2. 일정한 간격을 두고 그림책을 나열해 도미노를 만들어요.
3. 나열이 끝나면 끝에 있는 책을 쓰러뜨려 책 도미노 놀이를 즐겨 보아요.

Tip

그림책을 이용한 도미노, 쌓기 놀이, 징검다리 건너기 등 신체 활동을 즐기며 책에 대한 긍정적인 마음을 가질 수 있어요.

발달 영역

대근육 발달 / 소근육 발달 / 건강/안전 인식 / 자기 조절 능력 / 사회성 발달

준비물

여러 권의 그림책, 그리기 도구

# 색종이 모자이크

1. 도화지에 자유롭게 그림을 그려 주세요.
2. 여러 가지 색의 색종이를 손으로 찢어 보아요.
3. 찢은 색종이를 그림 위에 붙여 완성한 후 감상해요.

**어려운 놀이** 가위로 여러 가지 모양을 잘라 붙이며 모자이크 놀이를 즐겨 볼 수도 있어요.

**발달 영역** 소근육 발달 · 자기 조절 능력 · 감성 발달 · 창의력 발달 · 미술 표현 능력

**준비물** 도화지, 색종이, 풀

# 도깨비 가면 만들기

1. 도깨비가 등장하는 그림책을 보며 도깨비의 모습에 대해 이야기를 나누어요.
2. 도화지 위에 도깨비를 그리고 색칠한 후 펀치로 구멍을 뚫어 줄을 연결해 주세요.
3. 완성된 도깨비 가면을 쓰고 역할 놀이를 해 보아요.

도깨비가 등장하는 그림책을 참고하여, 도깨비 방망이 등 필요한 소품을 만들어 활용할 수 있어요.

미술 표현 능력 · 창의력 발달 · 책과 이야기 · 언어 능력 발달

도화지, 색연필, 가위, 펀치(송곳으로 대체 가능), 마스크 줄(고무줄로 대체 가능)

# 휴지심 그림자 놀이

놀이 순서

1. 휴지심에 넓은 투명 테이프를 붙여 주세요.
2. 테이프 위에 네임펜으로 그림을 그려 보아요.
3. 불을 끄고 휴지심에 불빛을 비추어 벽면에 나오는 그림을 감상해요.

어려운 놀이

휴지심 여러 개를 붙여서 여러 가지 장면을 만들어 볼 수도 있어요.

발달 영역

과학적 탐구 / 호기심 발달 / 오감 자극 / 감성 발달 / 미술 표현 능력

준비물

휴지심, 네임펜, 넓은 투명 테이프(투명 시트지로 대체 가능), 손전등(핸드폰 조명으로 대체 가능)

# 솜 공 집게 놀이

**놀이 순서**

1. 집게를 사용해 솜 공을 집어 보아요.
2. 집은 솜 공을 계란판에 옮겨 보아요.
3. 계란판 구멍에 솜 공을 모두 채우면 완성!

**어려운 놀이**

집게 대신 젓가락을 사용하여 난이도를 조절할 수 있어요.

**발달 영역**

소근육 발달 / 자기 조절 능력 / 긍정적 자아 인식 / 약속/규칙 정하기 / 수학적 탐구

**준비물**

솜 공, 집게, 계란판

놀이 영상 

# 밀가루 반죽 놀이

1. 밀가루와 물, 소금, 식용유를 섞어 반죽해요.
2. 반죽을 주물러 촉감을 느껴 보아요.
3. 찍기 틀, 식용 색소 등을 활용하여 다양한 모양을 만들어요.

반죽 후 냉장고에 넣어 두면 쫄깃해져 훨씬 활용하기가 좋고, 소금과 식용유를 넣어 반죽하면 더 오래 사용할 수 있어요.

소근육 발달 · 오감 자극 · 창의력 발달 · 수학적 탐구 · 호기심 발달

준비물

밀가루, 물, 소금(생략 가능), 식용유(생략 가능), 식용 색소(생략 가능)

# 내가 좋아하는 책표지 꾸미기

1. 좋아하는 그림책 표지 위에 투명 필름을 올린 뒤 고정시켜 주세요.
2. 투명 필름에 제목과 그림을 따라 그려요.
3. 완성한 후 투명 필름을 떼어 벽면이나 창문에 대고 작품을 감상해요.

투명 필름을 대고 그림책 표지뿐 아니라 좋아하는 그림 따라 그리기, 글자 따라 쓰기도 할 수 있어요.

미술 표현 능력 · 언어 능력 발달 · 책과 이야기 · 감성 발달

준비물

좋아하는 그림책, 투명 필름, 네임펜

# 계란 얼굴 만들기

1. 삶은 계란을 포일로 감싸 주세요.
2. 계란에 얼굴을 그리거나 표정 스티커를 붙여 다양한 감정을 표현해 보아요.
3. 계란의 표정을 따라 해 보며 내 기분이 어떤지도 말해 보아요.

계란에 그리기 어렵다면 도화지에 동그라미를 여러 개 그려 주고 다양한 얼굴 표정을 꾸며 볼 수 있어요.

사회성 발달 · 긍정적 자아 인식 · 소근육 발달 · 언어 능력 발달

준비물

삶은 계란

# 책 징검다리 만들기

1. 좋아하는 그림책을 골라 바닥에 펼쳐 징검다리를 만들어요.
2. 징검다리를 건너 보세요.
3. 한 발, 모둠발, 네 발 등 다양한 방법으로 징검다리를 건너 보아요.

**어려운 놀이**

책을 2줄로 나열한 후 '가위바위보 한 칸씩 앞으로 가기' 신체 놀이를 즐길 수 있어요.

**발달 영역**

대근육 발달 / 자기 조절 능력 / 긍정적 자아 인식 / 사회성 발달 / 약속/규칙 정하기

**준비물**

여러 권의 그림책

# 물 그림 그리기

**놀이 순서**

1. 통에 물을 담고 붓을 물에 충분히 적셔요.
2. 해가 비치는 바닥에 물붓으로 그림을 그려 보아요.
3. 그린 그림을 감상하고, 그림이 사라지는 모습도 관찰해요.

**Tip** 실내에서는 신문지, 종이 상자 등 다양한 질감의 종이에 물붓으로 그릴 수 있어요.

**발달 영역** 과학적 탐구 / 호기심 발달 / 감성 발달 / 창의력 발달 / 문제 해결 능력

**준비물** 물, 물통, 붓

놀이 영상

# 연근 모양 찍기

놀이 순서

1. 잘린 연근의 겉면과 단면을 관찰해 보아요.
2. 연근 단면에 붓으로 물감을 칠하고, 도화지에 찍어 보아요.
3. 물감을 찍은 연근 모양에 자유롭게 그림 그리고 꾸며 보아요.

Tip

연근의 모습이 담긴 책을 활용해 독서 연계 활동을 진행하면
식습관 교육을 도울 수 있어요.

발달 영역

건강/안전 인식 | 생활 습관 | 소근육 발달 | 과학적 탐구 | 책과 이야기

준비물

도화지, 연근, 물감, 트레이, 붓

# 하드바 모양 만들기

**놀이 순서**

1. 먼저 도화지에 만들고 싶은 모양을 그려요.
2. 내가 그린 그림을 따라 하드바를 조합하고 모양을 만들어요.
3. 목공풀, 글루건 등으로 고정시키면 완성이에요.

**Tip**

목공풀을 사용하면 건조되는 시간이 필요하고, 글루건 사용 시 안전에 유의해 주세요.

**발달 영역**

수학적 탐구 / 창의력 발달 / 소근육 발달 / 건강/안전 인식 / 약속/규칙 정하기

**준비물**

하드바, 도화지, 그리기 도구, 목공풀 또는 글루건

# 고구마 고슴도치

1. 고슴도치 그림책을 보며 고슴도치 특징에 대해 이야기를 나누어요.
2. 종이에 고슴도치 모습을 그림으로 그려요.
3. 삶은 고구마에 눈, 코, 입을 붙여주고, 이쑤시개를 꽂아 고슴도치를 완성해요.

Tip 고슴도치의 모습을 자세히 볼 수 있는 고슴도치 자연 관찰책을 활용하면 좋아요!

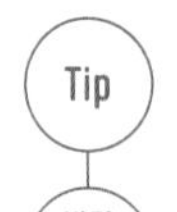


과학적 탐구 / 책과 이야기 / 소근육 발달 / 오감 자극 / 미술 표현 능력

고슴도치 그림책, 삶은 고구마, 이쑤시개, 표정 스티커(직접 그리는 그림으로 대체 가능)

# 휴지심 물감 찍기

1. 휴지심을 반으로 자르거나 모양을 잡아 접어주세요.
2. 여러 가지 모양이 잡힌 휴지심에 물감을 묻혀 도화지에 찍어 보아요.
3. 완성된 작품을 감상하며 이야기를 나누어 보아요.

**어려운 놀이**

먼저 꾸며 보고 싶은 것을 생각한 뒤에 휴지심 모양을 잡아 볼 수 있어요.

**발달 영역**

창의력 발달 · 미술 표현 능력 · 감성 발달 · 소근육 발달 · 수학적 탐구

**준비물**

휴지심, 도화지, 물감, 가위(생략 가능), 팔레트

# 기분을 말해봐

1. QR 코드를 참고하여 '8쪽 책 접기'를 해요.
2. 평소 내가 느꼈던 다양한 감정에 대해 이야기를 나누어요.
3. 표지에 제목을 쓰고, 여러 가지 감정을 그림으로 그려 책 만들기를 해 보세요.

**쉬운 놀이** 그림책 《기분을 말해봐》를 읽고 참고하면 더 재미있게 놀이할 수 있어요.

**발달 영역** 긍정적 자아 인식 · 사회성 발달 · 언어 능력 발달 · 책과 이야기

**준비물** A4 크기의 종이, 가위, 그리기 도구

놀이 블로그 

# 색 테이프 길을 따라 걸어요

놀이 순서

1. 바닥에 직선, 지그재그, 나선형 등 다양한 모양으로 테이프를 붙여서 길을 만들어 주세요.
2. 여러 가지 모양 선을 따라 양팔을 벌리고 걸어 보아요.
3. 머리 위에 책을 올리고 균형을 잡으며 걸어 보아요.

쉬운 놀이

기어가기 등 아이의 발달 수준에 맞게 대체할 수 있어요.

발달 영역

대근육 발달 / 긍정적 자아 인식 / 자기 조절 능력 / 사회성 발달 / 약속/규칙 정하기

준비물

색 테이프, 책

# 내가 좋아하는 그림책 카드 만들기

**놀이 순서**

1. 내가 좋아하는 그림책을 골라 소개해요.

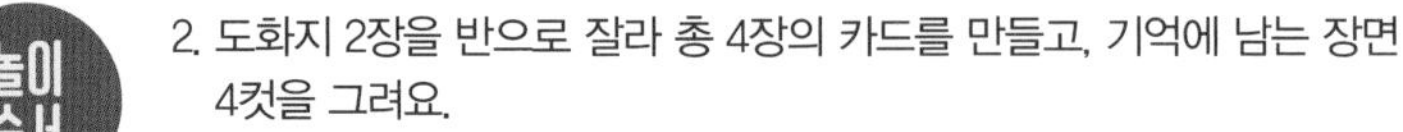

2. 도화지 2장을 반으로 잘라 총 4장의 카드를 만들고, 기억에 남는 장면 4컷을 그려요.
3. 그림을 완성한 후, 카드를 이야기 순서대로 나열하여 장면에 대해 이야기를 나누어요.

**어려운 놀이**

장면을 더 늘려서 스토리텔링을 할 수 있어요.

**발달 영역**

책과 이야기 | 언어 능력 발달 | 문제 해결 능력

**준비물**

좋아하는 그림책, 도화지, 그리기 도구, 가위

# 색과 모양 패턴 놀이

**놀이 순서**

1. 병뚜껑에 네임펜으로 ○, △, □ 모양을 여러 개 그리고 섞어 주세요.
2. 패턴에 어떤 규칙이 있을지 찾아 보아요.
3. 빈 곳에 알맞은 모양의 병뚜껑을 찾아서 놓아 보아요.

**Tip**

뚜껑 활용을 생략하고 워크지에 바로 그려 볼 수 있어요.

**발달 영역**

수학적 탐구 · 문제 해결 능력 · 약속/규칙 정하기 · 호기심 발달 · 긍정적 자아 인식

**준비물**

워크지, 뚜껑, 원형 스티커, 네임펜

워크지

# 책을 만들어요

**놀이 순서**

1. QR 코드를 참고하여 '8쪽 책 접기'를 해요.
2. 완성된 책 표지 부분을 꾸며 보세요.
3. 안쪽에 쓰고 싶은 내용을 쓰거나 그림을 그려 보세요.

**어려운 놀이**

책 접기를 여러 개 한 뒤, 종이를 겹쳐 테이핑 해주면 더 많은 쪽수의 책을 만들 수 있어요.

**발달 영역**

소근육 발달 · 생활 습관 · 책과 이야기 · 자기 조절 능력 · 수학적 탐구

**준비물**

A4 크기의 종이, 가위, 그리기 도구, 꾸미기 재료

놀이 블로그

# 색깔 소금 쌓기 놀이

1. 지퍼백에 소금과 식용 색소를 넣어 흔들며 잘 섞어 보아요.
2. 염색된 소금을 넓게 펼쳐 건조시켜 보아요.
3. 염색된 소금을 투명한 통에 차곡차곡 담고 관찰해 보아요.

**어려운 놀이** 돋보기를 활용해 염색된 소금의 입자와 색을 자세히 관찰해 볼 수 있어요.

**발달 영역** 오감 자극 / 감성 발달 / 호기심 발달 / 과학적 탐구 / 소근육 발달

**준비물** 굵은 소금, 투명한 통, 지퍼백, 숟가락, 식용 색소(물감으로 대체 가능)

# 나는야, 독서왕!

**놀이 순서**

1. 30권의 책 모양이 있는 독서왕 스티커판 워크지를 출력해 주세요.
2. 책 모양 그림 위에 1~30까지 숫자를 써 보세요.
3. 독서왕 스티커 판을 완성한 후, 그림책을 읽을 때마다 스티커를 하나씩 붙여요.

**Tip** 평소 충분히 책을 읽는 아이라면, 독서 연계 활동 후 스티커 붙이기로 변경할 수 있어요.

**발달 영역** 약속/규칙 정하기 · 수학적 탐구 · 생활 습관 · 언어 능력 발달 · 자기 조절 능력

**준비물** 워크지, 스티커

워크지 

# 움직이는 주스

놀이 순서

1. 투명컵 2개를 나란히 두고 한쪽 컵에만 주스를 채우세요.
2. 키친타월을 돌돌 말아서 주스가 담긴 컵과 빈 컵을 연결해 주세요.
3. 주스가 키친타월을 타고 다른 컵으로 이동하는 모습을 관찰해 보아요.

Tip

주스 대신 물에 물감이나 색소를 섞어 활용해도 좋아요. 그리고 더 많은 컵을 활용하면 색이 혼합되는 모습도 관찰할 수 있어요.

발달 영역

호기심 발달 / 과학적 탐구 / 약속/규칙 정하기 / 창의력 발달 / 자기 조절 능력

준비물

투명한 컵 2개, 주스, 키친타월

# 할로윈 페이스 페인팅

1. 할로윈 분위기에 맞는 그림을 인쇄하며 칼로 오려 주세요.
2. 원하는 위치에 도안을 대고 스펀지에 페이스 페인팅 물감을 묻혀 톡톡 두드려 준 뒤 붓을 사용해 예쁘게 꾸며 보아요.
3. 어울리는 의상을 입고 할로윈 데이를 즐겨 보아요.

도안 없이 그리고 싶은 그림을 찾아 붓으로 자유롭게 그려볼 수 있어요.

긍정적 자아 인식 · 사회성 발달 · 미술 표현 능력 · 창의력 발달 · 소근육 발달

준비물

페이스 페인팅 물감, 할로윈 도안, 스펀지, 붓

# 포스트잇 놀이

**놀이 순서**

1. 포스트잇을 이마 또는 코에 붙인 다음 후후 불어서 떼어 보아요.
2. 포스트잇을 팔이나 다리에 붙이고 열심히 몸을 흔들어 떼어 보아요.
3. 각자 몸에 포스트잇 여러 개를 붙이고 좋아하는 노래에 맞춰 몸을 흔들어 포스트잇 먼저 떼어 내기 놀이를 즐겨 보아요.

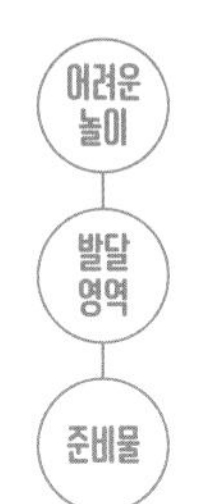

**어려운 놀이**

벽면에 키만큼 포스트잇을 붙여 길이를 측정해 볼 수도 있어요.

**발달 영역**

대근육 발달 / 소근육 발달 / 음악/신체 표현 능력 / 자기 조절 능력 / 사회성 발달

**준비물**

포스트잇

놀이 영상 

# 호박 바구니 만들기

1. 주황색 색종이를 8등분으로 접어 가위로 잘라 주세요.
2. 자른 주황색 색종이 조각 16개 양 끝을 종이컵 입구와 바닥 부분에 각각 붙여 주세요.
3. 초록색 색종이를 접어 손잡이를 만든 뒤 단단하게 고정시키면 완성이에요.

**Tip** 커피컵, 컵라면 용기 등 컵 크기는 자유롭게 조절하여 선택할 수 있어요.

**발달 영역** 미술 표현 능력 · 소근육 발달 · 수학적 탐구 · 사회성 발달 · 약속/규칙 정하기

**준비물** 종이컵, 주황색 색종이 2장, 초록색 색종이 2장, 가위, 풀, 테이프

놀이 블로그 

# 하드바 이름 퍼즐

**놀이 순서**

1. 하드바 여러 개를 나란히 두고 테이프를 붙여 고정시켜요.
2. 연결한 하드바를 뒤집어서 매직으로 이름을 써 보아요.
3. 테이프를 떼어 낸 후 하드바를 섞고 내 이름 퍼즐을 맞추어 보아요.

**Tip**

글자 인지 수준에 따라 글자 수를 조절할 수 있고, 아직 글자가 어렵다면 모양 맞추기로 수준을 낮추어 볼 수 있어요.

**발달 영역**

언어 능력 발달 / 문제 해결 능력 / 소근육 발달 / 수학적 탐구 / 과학적 탐구

**준비물**

하드바, 네임펜, 테이프

# 나뭇잎 크기를 비교해 보자

1. 다양한 크기의 나뭇잎을 준비해요.
2. 나뭇잎의 크기를 서로 비교해 보세요.
3. 작은 순서, 또는 큰 순서로 나뭇잎을 나열해 보세요.

Tip

주운 나뭇잎 대신 나뭇잎 크기 비교 워크지를 활용해 수학적 탐구 놀이를 즐길 수 있어요.

발달 영역

수학적 탐구 | 문제 해결 능력 | 약속/규칙 정하기 | 긍정적 자아 인식 | 과학적 탐구

준비물

다양한 크기의 나뭇잎

워크지 

# 이렇게 자랐어요!

**놀이 순서**

1. 나의 어린 시절 사진을 살펴 보아요.
2. 성장 순서에 맞게 차례대로 사진을 나열해 보아요.
3. 성장하며 달라진 나의 모습에 대해 이야기를 나누어요.

**어려운 놀이**

사진을 붙이고 간단하게 설명을 적어 '나의 성장 일기'를 만들어 볼 수 있어요.

**발달 영역**

긍정적 자아 인식 · 사회성 발달 · 언어 능력 발달 · 감성 발달

**준비물**

아기 때부터 성장 사진

# 가을 나무 만들기

**놀이 순서**

1. 산책을 하며 낙엽과 열매를 주워요.
2. 전지에 큰 나무 그림을 그리고 색칠해요.
3. 산책길에 주운 낙엽과 열매를 목공풀로 붙여 가을 나무를 만들어요.

**Tip**

완성된 가을 나무를 벽에 붙여서 감상하면 더욱 성취감을 느낄 수 있어요.

**발달 영역**

과학적 탐구 · 자연보호 · 미술 표현 능력 · 감성 발달 · 소근육 발달

**준비물**

전지(종이 상자로 대체 가능), 낙엽, 목공풀

놀이 영상

# 알록달록 색종이 목걸이

**놀이 순서**

1. 색종이를 일정한 길이와 너비로 잘라 주세요.
2. 종이 끝부분에 풀을 바르고 동그랗게 말아 붙여요.
3. 동그란 고리를 이어 연결해 목걸이를 만들어요.

**Tip** 길이를 길게 연결하여 가랜드를 만들 수 있어요.

**발달 영역** 소근육 발달 · 미술 표현 능력 · 자기 조절 능력 · 약속/규칙 정하기 · 수학적 탐구

**준비물** 색종이, 가위, 풀

놀이 블로그 

# 색종이로 도토리를 접어요

1. 색종이로 도토리를 어떻게 접는지 알아 보아요.
2. 도토리 접는 순서에 맞게 색종이를 접어요.
3. 사인펜 활용해 무늬를 그리거나 점을 찍어 완성해요.

**쉬운 놀이**

나무 그림을 그린 도화지에 엄마, 아빠가 접어준 도토리를 붙여볼 수 있어요.

**발달 영역**

소근육 발달 · 긍정적 자아 인식 · 문제 해결 능력 · 자기 조절 능력 · 자연보호

**준비물**

색종이, 사인펜

# 내 키만큼 쌓아요

놀이 순서

1. 좋아하는 물건을 골라 내 키만큼 쌓아 올려요.
2. 내 키와 물건의 높이를 비교해 보아요.
3. 내 키만큼 쌓기 위해 물건이 몇 개 필요한지 세어 보아요.

쉬운 놀이

숫자 세기가 어렵다면 높이 쌓거나 무너뜨리기 놀이를 즐길 수 있어요.

발달 영역

수학적 탐구 / 과학적 탐구 / 약속/규칙 정하기 / 대근육 발달 / 소근육 발달

준비물

쌓을 수 있는 물건(컵라면 또는 두루마리 휴지 등)

놀이 영상 

# 나뭇잎 도장 찍기

**놀이 순서**

1. 붓에 물감을 바른 뒤 나뭇잎을 꼼꼼하게 칠해요.
2. 종이 위에 물감 칠한 나뭇잎을 찍어요.
3. 잎맥의 모양을 관찰해 보세요.

**Tip**

잎맥이 선명하고, 잎의 모양과 크기가 다양한 나뭇잎을 활용하면 좋아요.

**발달 영역**

과학적 탐구 / 호기심 발달 / 수학적 탐구 / 수학적 탐구 / 감성 발달

**준비물**

나뭇잎, 트레이(팔레트로 대체 가능), 물감, 붓

# 꼭꼭 숨어라!

**놀이 순서**

1. '가위바위보'하여 술래를 정해요.
2. 술래는 눈을 가리고 '꼭꼭 숨어라' 외치고, 다른 사람들은 숨어요.
3. 술래가 숨어 있는 사람을 찾아 보아요.

**어려운 놀이**

사람 대신 물건을 숨기고 찾으며 보물찾기 놀이를 즐겨 볼 수 있어요.

**발달 영역**

사회성 발달 · 자기 조절 능력 · 약속/규칙 정하기 · 대근육 발달 · 언어 능력 발달

**준비물**

없음

# 로션 마블링 놀이

**놀이 순서**

1. 트레이에 로션을 뿌려 주세요.
2. 로션 위에 식용 색소를 톡톡 떨어뜨리고 막대로 자유롭게 무늬를 만들어 보세요.
3. 트레이를 세워 로션이 흘러내리며 무늬가 생기는 모습을 관찰해요.

**Tip**

유통기한이 지난 로션을 활용해 볼 수 있어요.

**발달 영역**

호기심 발달 / 과학적 탐구 / 오감 자극 / 창의력 발달 / 미술 표현 능력

**준비물**

트레이, 로션, 식용 색소, 막대(나무젓가락 등)

놀이 영상 

어린이집에 가면~♫

# '어린이집에 가면~' 말놀이

1. 어린이집에 가면 어떤 친구, 어떤 놀잇감 등이 있는지 이야기해 보아요.
2. '어린이집에 가면~' 리듬에 맞춰 어린이집에 있는 것들을 말해 보아요.
3. 한사람씩 돌아가며 리듬에 맞춰 말놀이를 즐겨 보아요.

한 사람씩 번갈아 이야기할 때 앞사람이 말한 단어를 순서대로 말한 후 새로운 단어를 계속 추가하면 메모리 게임으로 바꿀 수 있어요.

**발달 영역**

언어 능력 발달 · 약속/규칙 정하기 · 음악/신체 표현 능력 · 자기 조절 능력 · 사회성 발달

**준비물**

없음

# 폭신폭신 구름 만들기

1. 휴지를 찢고 구기며 자유롭게 탐색해요.
2. 투명 필름에 매직으로 구름 그림을 그리고 구름 안에 양면테이프를 붙여요.
3. 휴지를 뜯어 접착면에 붙인 뒤, 창문 혹은 하늘에 비춰 내가 만든 구름을 감상해요.

물감을 이용하여 다양한 색깔의 구름을 연출해 볼 수 있어요.

오감 자극 / 미술 표현 능력 / 감성 발달 / 과학적 탐구 / 소근육 발달

투명 필름, 휴지, 양면테이프

# 생일 축하 놀이

놀이 순서

1. 클레이를 사용해서 내가 좋아하는 모양의 케이크를 만들고 비즈 등 꾸미기 재료로 꾸며 보아요.
2. 클레이 케이크에 내 나이만큼 빨대를 꽂아 보아요.
3. 생일 축하 노래를 부르며 축하해 주는 놀이를 즐겨요.

어려운 놀이

언니, 오빠, 엄마, 아빠 등 좋아하는 사람의 나이 수만큼 빨대를 꽂아 볼 수 있어요.

발달 영역

수학적 탐구 소근육 발달 오감 자극 긍정적 자아 인식 사회성 발달

준비물

클레이, 비즈, 빨대

# 에그 샌드위치 도시락

놀이 순서

1. 삶은 계란을 숟가락으로 으깬 뒤 마요네즈를 섞어요.
2. 모닝빵을 반으로 잘라 딸기잼을 바르고 으깬 계란도 넣어요.
3. 다 만든 후, 도시락 통에 예쁘게 담아 에그 샌드위치를 완성해요.

Tip

도시락을 가지고 공원으로 소풍을 나가서 계절을 느껴볼 수 있어요.

발달 영역

긍정적 자아 인식 · 사회성 발달 · 오감 자극 · 과학적 탐구 · 소근육 발달

준비물

모닝빵, 삶은 계란, 딸기잼, 마요네즈, 숟가락, 도시락 통

# 내가 바로 네일 아티스트

**놀이 순서**

1. 도화지에 손바닥을 대고 손을 따라 그리고 손톱도 그려 주어요.
   (제공된 워크지를 활용할 수 있어요.)
2. 손톱 부분에 매니큐어를 바르거나 스티커를 붙여 보아요.
3. 손 부분에 반지, 팔찌 그림을 그려서 꾸며 보아요.

**Tip**

유아용 매니큐어가 없다면, 작은 붓과 물감으로 대체할 수 있어요. 그리고 손뿐 아니라 발을 그려 놀이할 수도 있어요.

**발달 영역**

미술 표현 능력 · 긍정적 자아 인식 · 감성 발달 · 소근육 발달 · 자기 조절 능력

**준비물**

도화지, 그리기 도구, 유아용 매니큐어, 스티커(생략 가능)

워크지

# 후후 휴지를 불어요

1. 고개를 뒤로 젖혀 휴지를 입에 올려요.
2. 입으로 바람을 불어 휴지를 멀리 날려요.
3. 입바람의 세기를 조절하여 휴지가 떨어지지 않게 계속 불어요.

두 사람 이상이 동시에 각자의 휴지를 불어 오래 버티기 신체 놀이를 즐길 수 있어요.

대근육 발달 · 소근육 발달 · 약속/규칙 정하기 · 사회성 발달 · 자기 조절 능력

준비물

휴지

# 하드바 발도장

1. 아이의 발 크기만큼 하드바를 나열한 후, 물감 묻은 붓으로 발바닥을 칠해 주세요.
2. 하드바 위에 발도장을 찍고, 순서대로 번호를 적어 보세요.
3. 건조시킨 후 하드바를 섞고 숫자 순서대로 나열하여 발모양을 맞춰 보세요.

**어려운 놀이** 다양한 모양을 찍어 숫자를 써서 순서를 맞춰 볼 수 있어요.

**발달 영역** 수학적 탐구 · 호기심 발달 · 소근육 발달 · 약속/규칙 정하기 · 자기 조절 능력

**준비물** 하드바, 물감, 붓, 네임펜

# 다양한 구름을 그려요

1. 여러 가지 모양의 구름 사진 워크지를 보며 이야기를 나누어요.
2. 사진 속 구름에 자유롭게 그림을 그려요.
3. 어떤 그림을 완성했는지 소개해 보세요.

**쉬운 놀이**

워크지 위에 그림을 그리거나 물감 찍기를 해보아요.

**발달 영역**

언어 능력 발달 · 창의력 발달 · 미술 표현 능력 · 감성 발달 · 과학적 탐구

**준비물**

워크지, 그리기 도구

워크지 

# 옷 그림자 놀이

놀이 순서

1. 상의를 바닥에 놓고 팔 부분을 움직여 고정해 주세요.
2. 하의를 바닥에 놓고 다리 부분을 움직여 고정해 주세요.
3. 옷으로 표시한 동작을 따라해 보거나 옷 위에 누워 포즈를 취해 보아요.

어려운 놀이

한 사람은 포즈를 취하고 다른 한 사람은 상의/하의를 움직여 같은 포즈를 만들 수 있어요.

발달 영역

대근육 발달 · 소근육 발달 · 긍정적 자아 인식 · 자기 조절 능력 · 사회성 발달

준비물

옷(상의, 하의)

# 꼭꼭 숨은 보석을 찾아라

**놀이 순서**

1. 트레이 안에 아크릴 보석을 넣은 뒤 곡식을 담아 골고루 펴 주세요.
2. 붓으로 곡식을 흩쳐 꼭꼭 숨어있는 보석을 찾아요.
3. 누가 누가 많은 보석을 찾는지 놀이해 보세요.

**Tip**

아크릴 보석 대신 피규어로 대체할 수 있어요.

**발달 영역**

호기심 발달 · 과학적 탐구 · 소근육 발달 · 오감 자극 · 자기 조절 능력

**준비물**

트레이, 곡물(검정 쌀, 콩 등), 붓, 아크릴 보석(피규어로 대체 가능)

# 이야기 이어 만들기

놀이 순서

1. QR 코드에 나온 내용을 참고로 '아코디언 책 접기' 형식으로 종이를 접어 보아요.
2. 이야기 나누고 싶은 '주제'를 정해 보세요.
3. 한 칸씩 그림을 그리며 이야기를 이어 만들어 나가요.

Tip

이야기의 주제는 아이가 평소 흥미를 가지고 있는 주제로 선정해 주세요.
이야기에 맞는 그림의 형태가 잘 나오지 않아도 괜찮아요.

발달 영역

언어 능력 발달 / 사회성 발달 / 약속/규칙 정하기 / 자기 조절 능력

준비물

종이, 그리기 도구(색연필, 사인펜)

놀이 블로그

# 유부초밥 만들기

**놀이 순서**

1. 유부초밥 만들기 재료를 준비하고, 유부초밥 만드는 방법에 대해 이야기를 나누어요.
2. 밥과 재료를 잘 섞어 주세요.
3. 유부에 밥을 넣고 꾹꾹 눌러 완성해요.

**Tip**

김, 치즈, 모양 펀치 등 꾸미기 재료를 추가하여 캐릭터를 만들어 볼 수 있어요.

**발달 영역**

건강/안전 인식 · 생활 습관 · 소근육 발달 · 자기 조절 능력 · 오감 자극

**준비물**

유부초밥 만들기 세트, 숟가락, 밥, 비닐장갑

놀이 영상 

# 내 몸을 따라 그려요

1. 전지를 바닥에 고정시킨 후 아이의 몸을 따라 그려 주세요.
2. 몸 전체를 그린 뒤 신체 각 부분을 그려 보아요.
3. 완성된 몸을 벽면에 붙여 주고 몸에 대해 이야기해 보세요.

**어려운 놀이** 뼈, 장기를 표시하여 각 기관이 하는 일에 대해 이야기를 나누어 보세요.

**발달 영역** 긍정적 자아 인식 사회성 발달 과학적 탐구 자기 조절 능력 건강/안전 인식

**준비물** 전지, 그리기 도구, 테이프

# 가을 자연물로 내 이름 만들기

1. 도화지에 양면테이프를 붙여 이름을 써 주세요.
2. 여러 가지 자연물을 양면테이프 위에 붙여 도화지를 꾸며요.
3. 완성한 이름을 감상해요.

**Tip** 도화지를 들고 실외로 나가 활동하면 더욱 즐겁게 참여할 수 있어요.

**발달 영역** 과학적 탐구 · 언어 능력 발달 · 호기심 발달 · 오감 자극 · 감성 발달

**준비물** 도화지, 자연물(나뭇잎, 열매, 돌), 양면테이프

# 들숨과 날숨

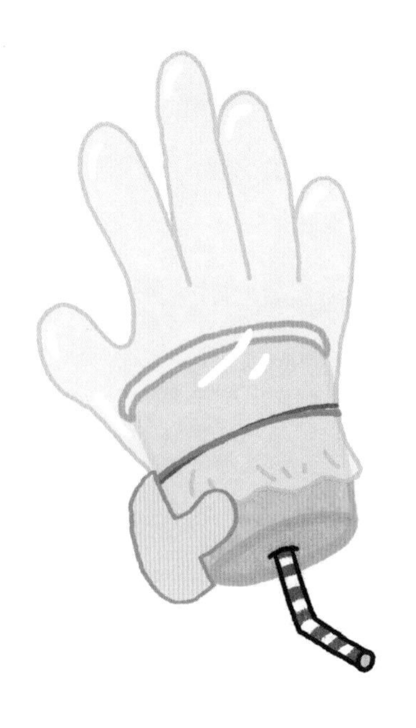

놀이 순서

1. 종이컵 윗부분에 비닐장갑을 끼운 다음 고무줄로 고정해요.
2. 종이컵 아래쪽에는 구멍을 뚫어 빨대를 끼워요.
3. 빨대로 숨을 불어 넣어 장갑의 모습이 변하는 과정을 관찰해요.

어려운 놀이

호흡, 폐 등 신체 관련 과학 그림책과 연계해 보아요.

발달 영역

과학적 탐구 / 호기심 발달 / 긍정적 자아 인식 / 자기 조절 능력 / 건강/안전 인식

준비물

종이컵, 비닐장갑, 빨대, 송곳

# 편백 자연 놀이

**놀이 순서**

1. 편백나무 조각을 자유롭게 탐색해 보세요.
2. 편백나무 조각을 알록달록하게 색칠해요.
3. 같은 색끼리 분류하여 색깔 종이컵에 담아요.

**Tip**

식용 색소를 섞은 물에 편백나무 조각을 넣어 두면 예쁜 색깔 편백나무 조각을 완성할 수 있어요.

**발달 영역**

오감 자극 / 감성 발달 / 미술 표현 능력 / 과학적 탐구 / 소근육 발달

**준비물**

편백나무 조각, 물감, 붓, 색깔 종이컵

놀이 영상 

# 내 친구의 이름을 소개해요

**놀이 순서**

1. 친구들의 모습을 떠올리며 친구의 이름과 특징을 이야기해요.
2. 종이에 친구 얼굴을 그림으로 그려 보아요.
3. 친구 얼굴을 그린 그림 아래에 친구의 이름을 써 보아요.

**쉬운 놀이**

내 이름과 친구 이름에서 같은 모양의 한글이 있는지 살펴보아요.

**발달 영역**

언어 능력 발달 · 사회성 발달 · 소근육 발달

**준비물**

종이, 쓰기 도구(색연필, 사인펜 등)

# 나뭇잎 스텐실

1. 도화지 위에 나뭇잎을 올려 주세요.
2. 롤러를 사용해 나뭇잎 위에 물감을 골고루 발라 주세요.
3. 나뭇잎을 떼어 찍힌 모양과 비교해요.

**Tip** 롤러가 없다면 물감을 섞은 물을 분무기에 채워 분사하는 방법도 좋아요.

**발달 영역** 과학적 탐구 / 자연보호 / 소근육 발달 / 호기심 발달 / 감성 발달

**준비물** 도화지, 여러 가지 모양 나뭇잎, 물감, 롤러

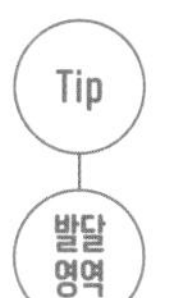

# 휴지야 불어라

놀이 순서

1. 트레이에 물을 받아 휴지를 적셔 보아요.
2. 젖은 휴지를 창문 또는 화장실 벽에 던져 보아요.
3. 물을 적신 양, 힘의 강도, 거리에 따라 휴지가 얼마나 잘 붙는지 실험해 보아요.

Tip

창문에 붙인 휴지를 납작하게 펴서 말린 후, 그 위에 그림을 그리거나 색칠 놀이를 즐길 수도 있어요.

발달 영역

소근육 발달 · 대근육 발달 · 과학적 탐구 · 호기심 발달 · 오감 자극

준비물

트레이, 휴지, 물

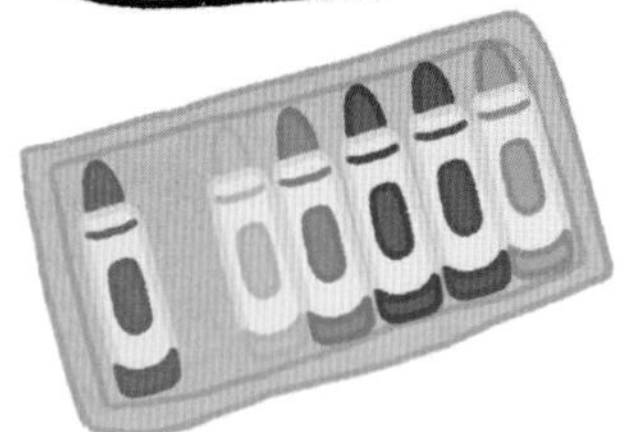

# 나뭇잎 반쪽 그림 그리기

1. 돋보기를 사용해 나뭇잎을 관찰해요.
2. 나뭇잎을 반으로 잘라 도화지에 붙여 주세요.
3. 나뭇잎 반쪽과 대칭된 반쪽을 그려 보세요.

**쉬운 놀이** 나뭇잎 모양을 관찰하며 나뭇잎 위에 자유롭게 그림을 그릴 수 있어요.

**발달 영역** 과학적 탐구 / 호기심 발달 / 문제 해결 능력 / 자기 조절 능력 / 미술 표현 능력

**준비물** 나뭇잎, 돋보기, 도화지, 목공풀, 사인펜

# 내가 만든 팔찌를 선물해요

놀이 순서

1. 팔 길이에 맞게 우레탄 줄을 넉넉하게 자르고 다른 한쪽이 움직이지 않도록 고정시켜 주세요.
2. 우레탄 줄에 비즈나 작게 자른 색 빨대를 끼워 팔찌를 만들어 주세요.
3. 내가 만든 팔찌를 좋아하는 친구에게 선물해요.

Tip

우레탄 줄 한쪽을 바닥에 놓고 테이프로 붙인 후에 비즈를 꿰면 반대쪽으로 팔찌 장식이 빠져나가지 않아요.

발달 영역

사회성 발달 / 소근육 발달 / 자기 조절 능력 / 감성 발달 / 미술 표현 능력

준비물

비즈(색 빨대로 대체 가능), 우레탄 줄, 가위

# 과일 샐러드 만들기

**놀이 순서**

1. 좋아하는 과일을 준비하고, 과일 샐러드 만드는 과정에 대해 이야기해 보아요.
2. 빵칼을 사용해 과일을 썰은 뒤 접시에 담아요.
3. 요플레를 섞어 과일 샐러드를 완성해서 맛있게 먹어요.

**쉬운 놀이**

칼질이 어렵다면, 모양 틀을 사용하세요.

**발달 영역**

건강/안전 인식 생활 습관 소근육 발달 오감 자극 자기 조절 능력

**준비물**

과일, 도마, 빵칼, 접시, 요플레

# 반쪽 얼굴을 그려요

1. 내 얼굴 또는 친구 얼굴 사진을 준비해요.
2. 사진을 반으로 잘라 도화지에 붙여 보아요.
3. 반쪽 사진과 대칭된 나머지 반쪽 모습을 그려 보아요.

**어려운 놀이**

사물이나 풍경 사진도 반으로 나눠 붙인 후 대칭된 나머지 반쪽을 그릴 수 있어요.

**발달 영역**

긍정적 자아 인식 · 사회성 발달 · 수학적 탐구 · 미술 표현 능력 · 호기심 발달

**준비물**

얼굴 사진, 도화지, 그리기 도구

놀이 블로그 

# 솔방울 동물 친구 만들기

1. 솔방울을 만지며 어떤 촉감인지 알아 보아요.
2. 클레이와 꾸미기 재료를 활용해 솔방울로 동물 친구를 만들어요.
3. 완성한 작품을 전시하거나 실을 묶어 모빌처럼 걸어 주세요.

솔방울의 크기와 모양이 다양하면 훨씬 다양한 동물 친구를 만들어 줄 수 있어요.

창의력 발달 · 오감 자극 · 감성 발달 · 미술 표현 능력 · 자연보호

솔방울, 클레이, 꾸미기 재료(눈알 스티커, 솜 공 등)

놀이 영상

# 손바닥, 발바닥을 찍어요

**놀이 순서**

1. 트레이에 물감을 짜서 붓으로 손바닥, 발바닥에 물감을 묻혀 주세요.
2. 큰 종이에 손바닥, 발바닥 도장을 자유롭게 찍어 보아요.
3. 손과 발의 모양 및 찍힌 지문을 관찰해 보세요.

**Tip**

도화지처럼 작은 종이보다는 전지같이 큰 종이로 놀이하면 더욱 재미있어요.

**발달 영역**

오감 자극 감성 발달 미술 표현 능력 대근육 발달 소근육 발달

**준비물**

물감, 트레이, 붓, 큰 종이

놀이 영상 

# 하드바 짝 찾기

**놀이 순서**

1. 하드바 2개를 나란히 두고 일정한 간격으로 도트 물감을 찍어 보아요.
2. 나란히 놓은 하드바를 분리한 후 다른 하드바들과 섞어 보세요.
3. 색깔의 패턴이 맞는 하드바 짝꿍을 찾아 맞춰 보세요.

**Tip**

과일 스티커, 동물 스티커 등을 활용해 패턴이나 퍼즐을 만들어도 좋아요.

**발달 영역**

수학적 탐구 / 문제 해결 능력 / 자기 조절 능력 / 과학적 탐구 / 소근육 발달

**준비물**

하드바 8개, 도트 물감(둥근 스티커로 대체 가능)

놀이 영상 

# 풍선 치기 놀이

**놀이 순서**

1. 풍선을 불어 끈과 연결해 주세요.
2. 끈을 잡고 매달린 풍선을 제기차기를 하듯 발로 차 보아요.
3. 풍선의 끝부분을 천장 등 높은 곳에 고정하고 손, 발, 머리 등 신체를 활용해 풍선 치기를 해 보아요.

**어려운 놀이**

도구를 사용해 풍선이 땅에 닿지 않게 치거나, 주고받기 놀이를 즐길 수 있어요.

**발달 영역**

대근육 발달 / 건강/안전 인식 / 자기 조절 능력 / 사회성 발달

**준비물**

풍선, 끈, 테이프

놀이 영상

# 킁킁 어떤 냄새가 날까

놀이 순서

1. 커피컵에 향기 나는 재료를 넣고 비닐을 씌워 고무줄로 고정시켜요.
2. 이쑤시개로 비닐 위를 콕콕 찔러 구멍을 뚫어요.
3. 커피컵 뚜껑을 닫고 냄새를 맡아 보아요.

Tip

내용물만 교체해 주면 후각을 자극하는 놀잇감으로 계속 사용할 수 있어요.

발달 영역

오감 자극 감성 발달 과학적 탐구 소근육 발달 자기 조절 능력

준비물

커피컵, 고무줄, 이쑤시개, 비닐(양파망 대체 가능),
향이 나는 재료(편백나무 조각, 커피콩, 은행, 대추 등)

놀이 영상

# 쌀알 글자 놀이

1. 상자 뚜껑 안쪽에 양면테이프를 붙여 글자를 만들어 주세요.
2. 상자 뚜껑 안쪽에 쌀을 넣고 좌우로 살살 흔들어 보아요.
3. 상자를 뒤집어 쌀을 털어 낸 후 나타난 글자를 살펴 보아요.

**Tip** 검정 쌀 등 상자 색과 대비되는 곡식 또는 모래를 활용해도 좋아요.

**발달 영역** 언어 능력 발달 / 대근육 발달 / 약속/규칙 정하기 / 호기심 발달

**준비물** 상자 뚜껑, 양면테이프, 쌀(다른 곡식으로 대체 가능)

# 자연물 화관을 만들어요

1. 종이에 왕관을 그린 뒤 가위로 잘라 주세요.
2. 왕관에 양면테이프를 붙여준 후, 산책하며 주워 온 자연물로 자유롭게 꾸며요.
3. 머리 크기에 맞게 끝부분을 고정하고 완성된 화관을 써요.

Tip

목공풀을 활용하면 자연물을 더 많이 붙일 수 있어요.

발달 영역

미술 표현 능력 · 오감 자극 · 감성 발달 · 과학적 탐구 · 자연보호

준비물

도화지, 가위, 양면테이프, 사인펜, 자연물

# 거울 보고 표정 따라 하기

1. 거울 앞에 앉아 다양한 표정을 지어 보아요.
2. 내가 지은 표정과 비슷한 표정을 지었던 상황 그리고 그 때의 감정을 이야기해 보아요.
3. 다른 사람의 표정을 보고 어떤 기분, 감정인지 맞춰 보아요.

**어려운 놀이** 표정 놀이를 할 때 얼굴 일부를 가려 눈 또는 입 모양만 보고 감정을 추측해 볼 수 있어요.

**발달 영역** 긍정적 자아 인식 | 자기 조절 능력 | 사회성 발달 | 감성 발달 | 소근육 발달

**준비물** 거울

# 내가 만든 한글 쿠키

**놀이 순서**

1. 다양한 촉감을 느끼며 쿠키 반죽을 해요.
2. 쿠키 반죽으로 글자를 만들어 구워요.
3. 구워진 한글 쿠키의 질감을 탐색하며 맛있게 먹어요.

**쉬운 놀이**

한글 모양 틀을 활용해 볼 수 있어요.

**발달 영역**

언어 능력 발달 / 오감 자극 / 미술 표현 능력 / 창의력 발달 / 과학적 탐구

**준비물**

쿠키 만들기 재료

# 포일 그림 그리기

**놀이 순서**

1. 도화지 위에 그림을 그리고, 선을 따라 글루건으로 한 번 더 그려 주세요.
2. 그림이 있는 면 위에 포일을 감싸주고, 그림이 나타나도록 꾹꾹 눌러요.
3. 네임펜으로 색칠하고 꾸며 보아요.

**Tip**

놀이 1번을 생략하고, 포일 위에 자유롭게 그림을 그려 볼 수 있어요.

**발달 영역**

미술 표현 능력 · 창의력 발달 · 오감 자극 · 감성 발달 · 과학적 탐구

**준비물**

도화지, 포일, 글루건, 네임펜

놀이 블로그 

# 고구마 싹을 키워요

1. 고구마를 깨끗이 씻어 주세요.
2. 고구마를 담을 투명컵을 예쁘게 꾸며요.
3. 고구마를 넣은 컵에 절반 정도 물을 채워요.

**어려운 놀이** 쑥쑥 자라는 고구마를 관찰해서 워크지에 기록해 보세요.

**발달 영역** 과학적 탐구 / 자연보호 / 호기심 발달 / 감성 발달 / 생명 존중

**준비물** 고구마, 투명 플라스틱 컵, 꾸미기 재료, 물, 워크지

워크지 

# 손바닥 치기
# 신체 놀이

1. 두 사람이 마주 보고 서 있어요.
2. 두 손을 손바닥이 앞으로 보이게 어깨 위로 살짝 들어 올려요.
3. 시작 신호에 맞춰 상대방의 손바닥을 쳐 보아요.

엄마, 아빠는 키를 낮춰 아이 손바닥 높이에 맞춰 주세요.

대근육 발달 · 약속/규칙 정하기 · 자기 조절 능력 · 사회성 발달 · 긍정적 자아 인식

준비물

없음

# 검정 쌀 글자 쓰기

1. 트레이에 검정 쌀을 부어 탐색해요.
2. 트레이를 흔들어 검정 쌀을 평평하게 만든 후 손가락이나 붓으로 글자를 써 보아요.
3. 트레이를 흔들어 글자가 사라지는 모습을 살펴보고, 새로운 글자를 다시 써 보아요.

트레이를 흔들어 쌀이 부딪히는 소리를 들어보고, 쌀의 촉감을 느껴볼 수 있어요.

언어 능력 발달 오감 자극 자기 조절 능력 호기심 발달

준비물

검정 쌀, 트레이, 붓

놀이 영상

# 내 자동차 만들기

1. 아이가 들어갈 수 있는 큰 상자를 준비해 주세요.
2. 시트지를 잘라서 붙이거나 그림을 그리는 방법으로 자동차를 꾸며 보아요.
3. 의자, 핸들로 활용할 수 있는 소품을 들고 자동차 안에 들어가 놀이를 즐겨요.

자동차가 아니더라도 기차, 비행기 등 아이가 좋아하는 것을 만들 수 있어요.

미술 표현 능력 · 창의력 발달 · 사회성 발달 · 문제 해결 능력 · 소근육 발달

준비물

큰 상자, 테이프, 시트지, 네임펜, 그리기 도구, 여러 가지 소품

# 곡식 마라카스 만들기

1. 여러 가지 곡식을 탐색해요.
2. 투명 페트병에 곡식을 담고 뚜껑을 닫아 주세요.
3. 완성된 마라카스를 흔들어 어떤 소리가 나는지 들어 보아요.

**Tip**

좋아하는 노래에 박자를 맞춰 즐겁게 마라카스 연주를 해 보세요.

**발달 영역**

소근육 발달 · 건강/안전 인식 · 오감 자극 · 음악/신체 표현 능력 · 과학적 탐구

**준비물**

투명 페트병, 여러 가지 곡식, 작은 숟가락

놀이 영상 

# 이름 모양 만들기

1. 도화지에 아이 이름을 테두리가 있게 그려 주세요.
2. 손바닥으로 클레이를 밀어 길게 만들어 보아요.
3. 길어진 클레이를 이름 글자 테두리 안에 맞춰 붙여 보세요.

클레이를 밀어 길게 만들기 어렵다면, 작게 뜯어 이름 글자를 따라 붙여 볼 수 있어요.

언어 능력 발달 · 소근육 발달 · 오감 자극 · 긍정적 자아 인식 · 문제 해결 능력

도화지, 쓰기 도구, 클레이

# 자연물 색깔 찾기

놀이 순서

1. 가을에 자연에서 볼 수 있는 색깔은 무엇이 있을지 이야기를 나누어요.
2. 계란판 구멍에 앞서 이야기한 가을 색깔을 차례대로 표시해 보세요.
3. 가을 색깔 자연물을 찾아 계란판에 분류해요.

Tip

계란판을 대체할 수 있는 재료를 자유롭게 활용할 수 있어요.

발달 영역

과학적 탐구 오감 자극 감성 발달 수학적 탐구 자연보호

준비물

계란판, 사인펜, 자연물

# 야광봉 신체 표현

**놀이 순서**

1. 불을 끄고 야광봉을 탐색해요.
2. 불을 켜고 팔, 다리, 몸통에 야광봉을 부착한 후 다시 불을 꺼 주세요.
3. 전신 거울 앞에서 음악에 맞춰 자유롭게 신체 표현을 즐겨 보아요.

**Tip**

전신 거울이 없다면 영상으로 촬영하여 움직이는 나의 모습을 감상할 수 있어요.

**발달 영역**

음악/신체 표현 능력 · 대근육 발달 · 호기심 발달 · 오감 자극 · 사회성 발달

**준비물**

야광봉, 테이프

# 뱅글뱅글 바람개비

1. 종이컵을 가위로 잘라 바람개비 날개 부분을 만들어 주세요.
2. 꾸미기 재료로 바람개비를 꾸미고, 종이컵 가운데에 구멍을 뚫어 빨대를 끼워 주세요.
3. 빨대 끝부분을 고정한 후 바람이 부는 반대 방향으로 바람개비를 움직이며 놀이를 즐겨요.

**Tip** 빨대 끝은 솜 공 또는 클레이 등으로 고정시킬 수 있어요.

**발달 영역** 미술 표현 능력 · 창의력 발달 · 호기심 발달 · 과학적 탐구 · 소근육 발달

**준비물** 종이컵, 가위, 꾸미기 재료, 빨대, 솜 공

# 편지로 마음을 전해요

1. 좋아하는 편지지와 쓰기 도구를 준비해 주세요.
2. 친구에게 하고 싶은 말을 떠올려 보아요.
3. 편지지에 편지를 써 보아요.

**쉬운 놀이** 아직 편지 쓰기가 어렵다면 '사랑해'라는 간단한 글자를 따라 쓰거나 그림 편지로 마음을 전할 수 있어요.

**발달 영역** 언어 능력 발달 / 사회성 발달 / 소근육 발달

**준비물** 편지지, 쓰기 도구

# 단군 신화 이야기 책 만들기

1. 워크지에 나오는 단군 신화 이야기를 읽으며 단군 신화에 대해 알아 보아요.
2. 그림카드를 꺼내서 단군 신화 이야기의 순서대로 그림을 나열해요.
3. '아코디언 책 접기'를 하여 단군 신화 이야기 책을 만들어요.

**쉬운 놀이** 단군 신화 워크지를 색칠하거나 꾸며 볼 수 있어요.

**발달 영역** 언어 능력 발달 · 책과 이야기 · 사회성 발달 · 문제 해결 능력

**준비물** 워크지, 종이, 단군 신화 동화책(생략 가능)

워크지 

# 나는 △△가 되고 싶어요

1. 사진을 보면서 여러 가지 직업에 대해 이야기해 보아요.
2. 내가 되고 싶은 장래 희망을 이야기해 보아요.
3. 나의 장래 희망을 그림으로 표현해요.

내가 되고 싶은 직업이 어떤 일을 하는지 알아볼 수 있어요.

사회성 발달 | 약속/규칙 정하기 | 문제 해결 능력 | 호기심 발달 | 과학적 탐구

준비물

다양한 직업 사진, 도화지, 그리기 도구

~로 끝나는 말은 ~♪

# ○○로 끝나는 말은

1. '○○로 끝나는 말은' 노래를 부르며 말놀이에 대해 알아 보아요.
2. 같은 글자가 들어가는 낱말은 무엇이 있을지 생각해 보세요.
3. 글자 하나를 정해 '○○로 끝나는 말은' 놀이를 해요.

**쉬운 놀이** 난이도를 조절하여 '○○로 시작하는 말은' 놀이를 즐길 수 있어요.

**발달 영역** 언어 능력 발달 / 음악/신체 능력 표현 / 긍정적 자아 인식 / 약속/규칙 정하기

**준비물** 없음

# 파스타 면 그림 그리기

**놀이 순서**

1. 파스타 면을 삶고 트레이에 물감을 짜서 준비해 주세요.
2. 파스타 면에 물감을 묻혀 도화지에 그림을 그려 보아요.
3. 완성된 작품을 감상해 보아요.

**Tip**

파스타 면에 물감을 부어 촉감 놀이를 즐겨 봐도 좋아요.

**발달 영역**

미술 표현 능력 / 오감 자극 / 감성 발달 / 소근육 발달 / 과학적 탐구

**준비물**

삶은 파스타 면, 도화지, 물감, 트레이

# 점점점 무당벌레

1. 두꺼운 종이에 무당벌레를 그려 주세요.
2. 휴지심을 3분의 1등분으로 자른 후 무당벌레 점 위에 붙여 주세요.
3. 숟가락으로 검정 쌀을 떠서 휴지심 구멍에 담아 무당벌레 점을 완성해요.

**Tip** 무당벌레와 관련된 자연 관찰책을 읽고 무당벌레의 특징을 알아 보세요.

**발달 영역** 소근육 발달 / 자기 조절 능력 / 오감 자극 / 과학적 탐구 / 책과 이야기

**준비물** 두꺼운 종이, 휴지심, 검정 쌀, 숟가락

# 고무줄 낚시 놀이

**놀이 순서**

1. 물을 받은 대야에 작은 머리 고무줄을 넣어 주세요.
2. 대야에 떠 있는 머리 고무줄 안쪽으로 막대를 끼워 올려요.
3. 고무줄 낚시 놀이를 즐겨 보아요.

**어려운 놀이**

막대에 고무줄을 축적하며 낚시 놀이를 즐길 수 있어요.

**발달 영역**

소근육 발달 / 약속/규칙 정하기 / 자기 조절 능력 / 긍정적 자아 인식 / 문제 해결 능력

**준비물**

머리 고무줄(미니 사이즈), 대야, 나무 막대, 물

놀이 영상 

# 왕관을 만들어요

1. 우리나라 왕들이 쓰던 왕관을 보며 이야기를 나누어요.
2. 도화지를 병풍 접기 방식으로 몇 번 접어 모양을 잘라주고, 머리 크기에 맞게 붙여 보아요.
3. 왕관 모양의 종이를 자유롭게 꾸미면 완성!

놀이하기 전 우리나라 왕들이 사용했던 왕관 사진이나 그림책 자료를 활용하면 놀이가 더욱 풍성해질 수 있어요.

미술 표현 능력 · 창의력 발달 · 사회성 발달 · 언어 능력 발달

도화지, 가위, 테이프, 그리기 도구, 꾸미기 재료

# 딸기잼을 만들어요

놀이 순서

1. 딸기를 관찰하며 꼭지를 따 보아요.
2. 세척한 딸기를 손으로 으깨 보아요.
3. 딸기가 끓으며 잼이 되는 과정을 관찰해요.

Tip

레시피는 QR 코드를 확인하세요.

발달 영역

건강/안전 인식 · 소근육 발달 · 오감 자극 · 약속/규칙 정하기 · 과학적 탐구

준비물

딸기, 프락토올리고당, 레몬즙, 볼, 냄비, 스패출러, 유리병

놀이 영상

# 탄산음료 폭발실험

1. 탄산음료가 튀어도 괜찮은 장소에서 놀이를 준비해 주세요.
2. 탄산음료의 뚜껑을 열고 멘토스를 넣어 보세요.
3. 탄산음료가 폭발하는 모습을 관찰해요.

멘토스를 많이 넣을수록 더 많은 양의 탄산음료가 폭발하고, 탄산 음료 중 제로콜라가 가장 잘 폭발하니 참고하세요.

호기심 발달 | 과학적 탐구 | 오감 자극 | 창의력 발달 | 약속/규칙 정하기

탄산음료, 멘토스, 대야

# 손바닥 동물원

1. 여러 동물들의 특징에 대해 이야기해 보아요.
2. 손바닥에 물감을 묻혀 도화지 위에 찍어 보아요.
3. 사인펜, 눈알 스티커 등을 사용하여 동물처럼 만들어요.

**Tip** 그림책 《손바닥 동물원》과 연계하면 다양한 손바닥 동물의 모습을 감상할 수 있어요.

**발달 영역** 책과 이야기 / 언어 능력 발달 / 창의력 발달 / 감성 발달

**준비물** 물감, 도화지, 사인펜, 꾸미기 재료

# 세계 여러 나라 전통 음식

1. 세계의 음식 사진이 나온 워크지를 인쇄하여 다른 나라의 전통 음식에 관해 이야기를 해 보아요.
2. 나라별 전통 음식 이름을 말해 보아요.
3. 음식 사진 아래 글자를 따라 써 보아요.
   (손 코팅지를 붙여주면 글자 쓰기 카드로 지속적으로 사용할 수 있어요.)

**Tip** 세계 여러 나라 음식 대신, 우리나라 지역 별 특산물을 알아봐도 좋아요.

**발달 영역** 언어 능력 발달 / 사회성 발달 / 창의력 발달 / 미술 표현 능력

**준비물** 워크지, 가위, 도화지, 풀

워크지 

# 대파를 키워요

놀이 순서

1. 대파 뿌리 부분을 10~15cm 정도 남기고 잘라 주세요.
2. 화분에 흙을 넣고 뿌리가 잘 고정되도록 심어 보아요.
3. 대파가 자라는 과정을 관찰해 보고 많이 자라면 수확해요.

어려운 놀이

쑥쑥 자라는 대파를 보며 워크지에 관찰 일기를 써 보아요.

발달 영역

과학적 탐구 | 수학적 탐구 | 건강/안전 인식 | 자연보호 | 호기심 발달

준비물

대파, 화분, 배양토, 물, 워크지, 삽(스푼으로 대체 가능)

놀이 블로그
워크지

# 제기차기

1. 우리나라 전통 놀이인 제기차기에 대해 알아 보아요.
2. 동전 크기 정도로 클레이를 한지 가운데에 넣고, 한지를 감싸 고무줄로 고정해 주세요.
3. 한지를 가위로 쭉쭉 자르고, 끈을 매달아 제기를 완성한 후 제기차기 놀이를 즐겨요.

누가 제기를 더 많이 차는지 신체 놀이를 즐겨볼 수 있어요.

**발달 영역** 대근육 발달 / 소근육 발달 / 미술 표현 능력 / 사회성 발달 / 자기 조절 능력

**준비물** 한지, 고무줄, 클레이, 가위, 끈

# 알록달록 문어다리

**놀이 순서**

1. 종이에 문어를 그린 다음 다리에 코인티슈를 붙여 빨판을 만들어요.
2. 코인티슈 위를 수성펜으로 자유롭게 꾸며 보아요.
3. 스포이트로 코인티슈에 물을 떨어뜨리고 색이 변하는 과정을 관찰해 보아요.

**어려운 놀이**

문어 대신 아이가 좋아하는 그림을 그리거나 아이 스스로 그리고 코인티슈를 구성해도 좋아요.

**발달 영역**

미술 표현 능력 / 창의력 발달 / 감성 발달 / 소근육 발달 / 과학적 탐구

**준비물**

종이, 네임펜, 글루건, 코인티슈, 스포이트(약병으로 대체 가능), 물, 수성펜

놀이 영상 

# 세계 친구들 막대 인형 만들기

1. 워크지를 보며 세계 여러 나라 사람들에 대해 이야기를 나누어요.
2. 워크지에 나온 친구들을 가위로 자르고 막대를 붙여요.
3. 몸통 부분에 하드바를 붙여 막대 인형을 만든 후 극놀이를 즐겨요.

어제 놀이와 연계하여 각 나라 막대 인형을 활용해 인사말을 실천해볼 수 있어요.

**발달영역** 사회성 발달 / 언어 능력 발달 / 미술표현 능력 / 창의력 발달

**준비물** 워크지, 가위, 테이프, 하드바

워크지 

# 개미 관찰하기

**놀이 순서**

1. 개미와 관련된 그림책을 읽으며 개미의 특징에 대해 이야기해요.
2. 밖으로 나가 산책하며 개미를 찾아 보아요.
3. 돋보기를 활용하여 개미를 관찰해 보아요.

**어려운 놀이**

관찰한 개미를 워크지에 그림으로 그려보고 개미의 생김새, 움직임, 먹이 등 특징에 대해 기록해 보세요.

**발달 영역**

과학적 탐구 / 생명 존중 / 언어 능력 발달 / 호기심 발달

**준비물**

개미와 관련된 그림책, 돋보기, 워크지

워크지

# 세계 여러 나라 인사말

1. '세계의 인사송' 노래를 들어 보아요.
2. 노래 가사 속 우리나라 인사말과 다른 나라의 인사말을 알아 보아요.
3. '세계의 인사송' 노래 부르며 각 나라별 인사말을 해 보아요.

워크지에 나온 세계 여러 나라 인사말을 참고하여 한 사람이 나라를 말하면 알맞은 인사말을 해 보는 놀이로 확장할 수 있어요.

사회성 발달 · 언어 능력 발달 · 음악/동작 표현 능력 · 긍정적 자아 인식

워크지, '세계의 인사송' 음원

워크지 

# 다리가 몇 개일까요?

1. 동물 사진을 살펴보며 동물들의 특징에 대해 이야기를 해요.
2. 다리가 없는 동물 사진에 해당 동물의 다리 수만큼 집게를 꽂아 보세요.
3. 완성된 동물의 다리 수를 세어 보아요.

**어려운 놀이** 상상의 동물을 그려서 집게로 자유롭게 표현해도 좋아요.

**발달 영역** 수학적 탐구 / 소근육 발달 / 언어 능력 발달 / 과학적 탐구 / 호기심 발달

**준비물** 다양한 동물 사진, 집게

# 밀가루 풀 놀이

1. 지퍼백에 밀가루와 적당량의 물을 넣고 지퍼백을 닫아 주물러 주세요.
2. 식용 색소를 추가해 계속 주물러 줘서 밀가루의 색이 어떻게 변하는지 살펴 보아요.
3. 색깔을 입힌 밀가루 풀을 트레이 또는 도화지 위에 부어 촉감 놀이를 하거나, 밀가루 풀로 그림을 그려요.

**Tip**

색을 혼합한 밀가루 풀을 사용하여 핑거 페인팅 놀이를 즐겨 보세요.

**발달 영역**

오감 자극 | 감성 발달 | 미술 표현 능력 | 호기심 발달 | 과학적 탐구

**준비물**

밀가루, 물, 트레이, 지퍼백, 식용 색소

# 꽃 가게 놀이

1. 블록이나 조화를 활용해 다양한 색상의 꽃이 있는 꽃 가게를 만들어요.
2. 조화를 포장하여 꽃다발을 만들어 보아요.
3. '빨간 꽃 사세요~ 장미꽃 사세요~'라고 말하며 주인과 손님을 정하고 꽃 가게 놀이를 해 보아요.

Tip

조화가 없는 경우 색종이 등 미술 재료를 활용하여 자유롭게 꽃을 만들어 활용해 보세요.

창의력 발달 · 미술 표현 능력 · 언어 능력 발달 · 사회성 발달 · 자연보호

준비물

블록, 조화, 포장지(신문지로 대체 가능)

# 송편 만들기

**놀이 순서**

1. 우리나라 전통 음식, 송편을 만드는 방법에 대해 알아 보아요.
2. 송편 반죽을 조금씩 떼어내어 동그랗게 만든 후 엄지손가락으로 눌러 소가 들어갈 자리를 만들어 보아요.
3. 숟가락으로 송편 소를 넣고 예쁘게 송편을 빚어 완성해 보세요.

**쉬운 놀이**

소 넣기가 어렵다면 팥이나 콩을 한 알씩 넣어 주세요.

**발달 영역**

사회성 발달 | 오감 자극 | 감성 발달 | 건강/안전 인식 | 소근육 발달

**준비물**

송편 만들기 재료, 숟가락

놀이 영상 

# 화분에 물주기

1. 식물은 어떻게 자라는지 이야기를 나누어요.
2. 우리 집에는 어떤 식물이 있는지 찾아보고 식물 이름을 말해 주세요.
3. 작은 물뿌리개에 물을 담아 식물에게 주며 '쑥쑥 자라렴', '사랑해'라고 긍정적인 말을 건네 보아요.

물뿌리개나 컵 사용이 어려울 경우 약병을 활용하면 어린아이도 물이 쏟아지지 않게 조절할 수 있어요.

자연보호 | 과학적 탐구 | 감성 발달 | 소근육 발달 | 호기심 발달

준비물

식물을 심은 화분, 물뿌리개(물컵으로 대체 가능)

# 전래 동화책 만들기

**놀이 순서**

1. 좋아하는 전래 동화 이야기를 들어 보아요.
2. A4 용지를 자유롭게 접어 책은 만들어 주세요.
3. 전래 동화 내용 순서에 따라 장면을 그리고 책을 완성해 보아요.

**Tip**

특정 전래 동화의 내용 순서가 아닌 아이만의 창작 동화책을 만들어 볼 수 있어요.

**발달 영역**

언어 능력 발달 / 책과 이야기 / 미술 표현 능력 / 창의력 발달

**준비물**

좋아하는 전래 동화 음원, 그리기 도구, A4 용지

# 봄꽃 책 만들기

**놀이 순서**

1. 봄꽃 사진 보며 이야기를 나누어요.
2. 워크지 또는 종이를 '8쪽 책 접기' 하여 책 형태로 만들어 주세요.
3. 봄꽃 사진을 잘라 붙이고 이름을 써서 봄꽃 책을 완성해요.

**Tip** 꽃에 대해 설명한 자연 관찰책이 있다면 활용해 보세요.

**발달 영역** 언어 능력 발달 / 과학적 탐구 / 자연보호 / 소근육 발달

**준비물** 종이 또는 워크지, 다양한 봄꽃 사진, 가위, 풀, 쓰기 도구

워크지 

# 비석 치기

놀이 순서

1. 우리나라 전통 놀이 중 비석 치기가 무엇인지 알아 보아요.
2. 종이 벽돌 블록을 간격을 두고 나란히 세워 주세요.
3. 머리 위에 다른 종이 벽돌 블록을 올리고 천천히 걸어가 떨어뜨려 세워진 블록을 넘어뜨려요.

Tip

겨드랑이, 다리 사이에 블록 끼기 등 다양한 방법으로 비석 치기를 즐길 수 있어요.

발달 영역

대근육 발달 / 소근육 발달 / 약속/규칙 정하기 / 자기 조절 능력 / 사회성 발달

준비물

종이 벽돌 블록

# 물 위에 꽃이 폈어요

1. 색종이를 접어 펜으로 꽃잎을 그리고 가위로 잘라 주세요.
2. 꽃 모양에서 꽃잎 부분을 안쪽으로 접어 보아요.
3. 접은 꽃을 물에 띄워 꽃이 피는 모습을 감상해 보아요.

**쉬운 놀이**

꽃 모양으로 직접 자르는 것이 어렵다면, 잘라서 제공하여 그리기 도구로 꽃을 꾸며 볼 수 있어요.

**발달 영역**

과학적 탐구 · 호기심 발달 · 소근육 발달 · 감성 발달 · 미술 표현 능력

**준비물**

색종이, 가위, 물, 트레이

놀이 블로그 

# 물 회오리 실험

놀이 순서

1. 페트병 뚜껑 2개에 넓은 구멍을 뚫고, 글루건으로 붙여 주세요.
2. 1개의 페트병에 물을 가득 담고, 하나로 연결된 뚜껑을 닫은 후 빈 페트병을 반대쪽에 연결해 주세요.
3. 물통을 세로로 세워둘 때와 작은 원을 그리며 회오리를 만들어 줄 때, 떨어지는 물 속도를 비교해요.

Tip

물에 색을 섞어 주면 더 쉽게 관찰할 수 있어요. 실험 방법을 이해하기 어렵다면 QR 코드를 참고하세요.

발달 영역

과학적 탐구 / 수학적 탐구 / 호기심 발달 / 약속/규칙 정하기 / 문제 해결 능력

준비물

페트병 2개, 뚜껑 2개, 송곳, 글루건, 절연 테이프, 물

놀이 블로그

# 나비 데칼코마니

놀이 순서

1. 나비 모양으로 자른 종이 위에 자유롭게 물감을 짜 보아요.
2. 종이를 반으로 접어 꾹꾹 눌러 보세요.
3. 종이를 펼쳐 어떤 모양이 나왔는지 이야기를 나누어요.

Tip

물감을 약병에 소분하면 아이가 활동하기 편해요. 완성된 나비에 실을 매달아 모빌로도 감상할 수 있어요.

발달 영역

미술 표현 능력 | 감성 발달 | 오감 자극 | 소근육 발달 | 약속/규칙 정하기

준비물

흰 종이, 물감, 약병, 가위

놀이 영상

# 캘리그래피를 해 보아요

1. 여러 가지 캘리그래피 디자인을 함께 살펴 보면서 이야기를 나누어요.
2. 붓 펜을 활용해 한지에 글자를 쓰고, 그림을 그려요.
3. 내가 적은 글자를 다양한 꾸미기 재료로 꾸며요.

붓 펜은 손에 힘이 없는 아이들도 선이 선명하게 나타나므로, 아직 글자 쓰기가 어려운 아이들도 그림을 그릴 수 있어요.

언어 능력 발달 / 미술 표현 능력 / 소근육 발달 / 창의력 발달

한지, 붓 펜, 꾸미기 재료(스티커 등)

# 화전을 만들어요

**놀이 순서**

1. 밀가루와 물을 4:1로 섞어서 반죽해 주세요.
2. 반죽된 밀가루를 조금씩 떼고 둥글게 굴려 납작하게 만들어 보아요.
3. 반죽 위에 산책하며 주워 온 꽃잎을 놓아 화전을 만들어요.

**Tip** 밀가루 반죽 사용이 어렵다면 클레이를 활용해도 좋아요.

**발달 영역** 오감 자극 / 감성 발달 / 미술 표현 능력 / 소근육 발달 / 자연보호

**준비물** 밀가루(클레이로 대체 가능), 물, 꽃잎

# 편백 방향제 만들기

1. 편백나무 조각의 촉감을 탐색하고 향도 맡아요.
2. 다양한 도구를 활용하여 편백나무 조각을 퍼서 담고 쏟으며 자유롭게 놀이해요.
3. 편백나무 조각을 망에 넣어 편백나무 방향제를 완성해요.

**Tip** 구강 욕구가 강한 시기의 아이라면, 놀이 시 아이가 입에 넣지 않게 주의해 주세요.

**발달 영역** 오감 자극 / 감성 발달 / 건강/안전 인식 / 소근육 발달 / 자연보호

**준비물** 편백나무 조각, 모래놀이 도구, 망주머니

놀이 영상 

# 어떤 동물일까요?

1. 한 사람이 동물의 모습, 움직임, 울음소리 등 특징을 설명하여 어떤 동물인지 문제를 내요.
2. 다른 한 사람은 수수께끼를 듣고 어떤 동물인지 맞추어 보아요.
3. 역할을 바꿔 수수께끼 놀이를 즐겨 보아요.

동물 그림 카드를 활용하면 동물의 특징에 대해 훨씬 더 구체적으로 이야기 나눌 수 있어요.

언어 능력 발달 · 긍정적 자아 인식 · 약속/규칙 정하기 · 사회성 발달

준비물

동물 그림 카드

# 달님에게 소원을 빌어요

1. 검정 도화지 위에 노랑 색종이로 보름달을 만들어 붙여요.
2. 달님에게 빌고 싶은 소원에 관해 이야기를 나누어 보아요.
3. 달님에게 나의 소원을 적어요.

**Tip** 보름달이 뜨면 확대 사진을 찍어 보름달의 모습을 관찰해 볼 수 있어요.

**발달 영역** 언어 능력 발달 · 사회성 발달 · 감성 발달 · 소근육 발달

**준비물** 검정 도화지, 노랑 색종이, 가위, 풀, 쓰기 도구

# 꼬리잡기 놀이

놀이 순서

1. 스타킹에 솜을 넣어 매듭을 짓고 좋아하는 동물 꼬리 모양으로 꾸며 보아요.
2. 꼬리 모양으로 꾸민 스타킹을 허리에 두르고 꼬리처럼 만들어 보아요.
3. 모두 완성되었다면 다른 사람의 꼬리를 잡는 놀이를 해요.

**Tip** 스타킹이나 솜이 없다면 스카프를 활용해 꼬리잡기 놀이를 할 수도 있어요.

**발달 영역** 대근육 발달 / 약속/규칙 정하기 / 사회성 발달 / 음악/신체 표현 능력 / 과학적 탐구

**준비물** 스타킹과 솜(스카프로 대체 가능), 꾸미기 도구

# 상자 골프 놀이

1. 골프 놀이 규칙에 대해 알아보고 긴 막대와 작은 공을 준비해 주세요.
2. 블록으로 퍼팅 라인과 골인 지점을 만들어 주세요.
3. 긴 막대로 공을 굴려 골인 지점에 넣어 보아요.

**Tip**

상자의 크기를 조절하면 난이도를 조절할 수 있어요.

**발달 영역**

대근육 발달 / 소근육 발달 / 건강/안전 인식 / 약속/규칙 정하기 / 자기 조절 능력

**준비물**

블록, 긴 막대, 작은 공, 상자

# 꽃나무 꾸미기

**놀이 순서**

1. 다양한 색과 모양의 꽃잎을 탐색하고 떨어진 꽃잎들을 바구니에 담아요.
2. 나무가 그려진 종이 위에 꽃잎들을 붙여 보아요.
3. 완성한 꽃나무를 감상해 보아요.

**Tip**

산책길에 종이와 풀을 챙기고 거리에 있는 나뭇가지와 꽃잎으로 나무를 꾸미면 더 즐겁게 놀이할 수 있어요.

**발달 영역**

과학적 탐구 · 자연보호 · 오감 자극 · 감성 발달 · 소근육 발달

**준비물**

산책 시 주워 온 꽃잎, 바구니, 종이, 양면테이프(목공풀로 대체 가능)

# 세계 여러 탑을 알아 보아요

1. 워크지에 나온 세계 여러 나라 탑을 보며 이야기 나누어요.
2. 세계 여러 나라 탑의 이름을 알아 보아요.
3. 세계 여러 나라 탑의 이름을 따라 써 보고, 글자를 읽어 보아요.

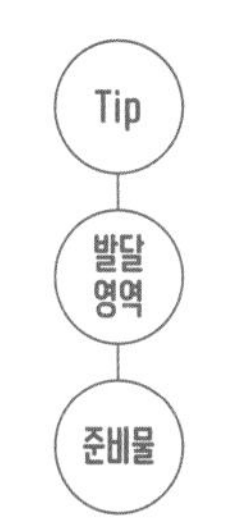


Tip: 틀린 그림 찾기 놀이는 시각과 주의력, 집중력을 향상하는데 도움이 돼요.

발달 영역: 수학적 탐구 · 호기심 발달 · 언어 능력 발달 · 긍정적 자아 인식 · 사회성 발달

준비물: 워크지, 쓰기 도구

워크지 

# 거미줄에 걸렸네

**놀이 순서**

1. 거미줄이 어떻게 생겼는지 이야기를 나누어요.
2. 검정색 마스킹 테이프로 거미줄을 만들어 주세요.
3. 여러 가지 곤충을 그리고 잘라서 거미줄에 붙여 보아요.

**쉬운 놀이**

곤충을 그리기 어렵다면 곤충 스티커, 곤충 피규어 등을 활용할 수도 있어요.

**발달 영역**

과학적 탐구 · 생명 존중 · 언어 능력 발달 · 창의력 발달 · 소근육 발달

**준비물**

검정색 마스킹 테이프, 종이, 가위, 테이프, 그리기 도구

# 한지 무드등 만들기

1. 밀가루 풀이나 목공풀에 물을 섞어 준비해 주세요.
2. 풍선을 불어준 후 풍선 겉면에 밀가루 풀을 바르고 한지 조각을 붙여 완전히 건조시켜요.
3. 풍선을 터뜨려 한지로 만든 틀만 남기고, 틀 안에 전구를 넣어 무드등을 완성해요.

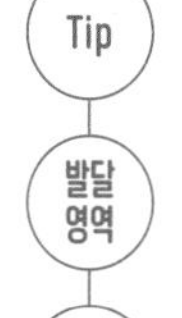


밀가루 1/2컵과 물 3컵의 비율을 중간 불에 끓여 밀가루 풀을 만들 수 있어요.

오감 자극 | 감성 발달 | 미술 표현 능력 | 소근육 발달 | 과학적 탐구

**준비물**

풍선, 한지, 밀가루 풀(목공풀로 대체 가능), 붓, LED 전구

# 계란판으로 동물의 집을 만들어요

1. 계란판 구멍에 곡식을 담아 보아요.
2. 동물의 특징에 맞도록 각각 집을 꾸며 보아요.
3. 동물 피규어를 활용해 놀이를 즐겨요.

어려운 놀이: 좋아하는 동물들을 그림으로 그리고 꾸며 준 뒤 잘라서 활용할 수 있어요.

발달 영역: 오감 자극 / 감성 발달 / 창의력 발달 / 미술 표현 능력 / 과학적 탐구

준비물: 계란판, 곡식(콩, 팥, 보리, 쌀 등), 동물 피규어(생략 가능)

# 딱지치기를 해 보아요

1. 딱지 접는 방법을 찾아 보아요.
2. 다양한 색과 크기의 딱지를 만들고 꾸며요.
3. 우리나라 전통 놀이인 딱지치기 놀이를 즐겨 보아요.

**Tip** 다양한 모양과 색의 딱지로 모빌을 만들어 볼 수 있어요.

**발달 영역** 사회성 발달 / 약속/규칙 정하기 / 소근육 발달 / 대근육 발달 / 수학적 탐구

**준비물** 다양한 색과 크기의 종이, 꾸미기 재료

# 나비의 성장 책 만들기

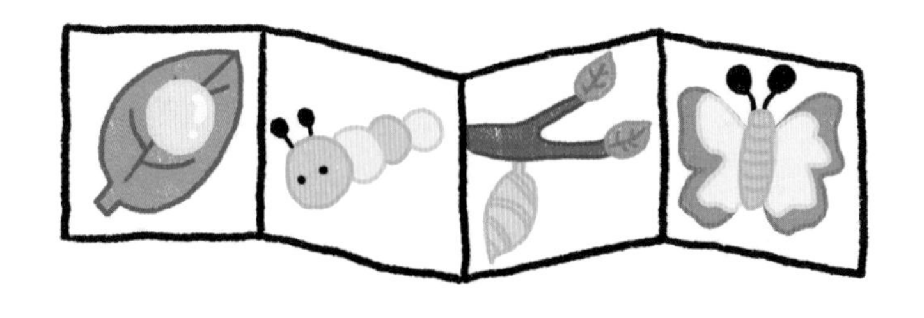

1. 워크지를 보며 나비의 성장 과정에 대해 알아 보아요.
2. '아코디언 책 접기'를 하여 책 형태를 만들어 주세요.
3. 알-애벌레-번데기-나비로 성장하는 과정을 순서대로 그려서 책을 완성해요.

어려운 놀이: 다양한 책 접기 방법('8쪽 책 접기' 등)으로 책을 만들 수 있어요.

발달 영역: 언어 능력 발달 / 책과 이야기 / 과학적 탐구 / 생명 존중

준비물: 워크지(나비 자연 관찰책으로 대체 가능), 그리기 도구, 가위, 풀

놀이 블로그
워크지

# 세계 여러 나라 국기 메모리 게임

놀이 순서

1. 세계 여러 나라의 국기 카드가 나온 워크지를 잘라 나열해요.
2. 순서를 정하고 카드를 두 장씩 뒤집어 그림을 확인해 보아요.
3. 같은 그림을 찾았다면 카드를 가져가요. 카드가 모두 없어졌을 때 가장 많은 카드를 가진 사람이 승리!

**Tip** 카드에 손 코팅지나 도화지를 붙이면 구겨지지 않아 반복해서 놀이할 수 있어요.

**발달 영역** 사회성 발달 / 문제 해결 능력 / 긍정적 자아 인식 / 자기 조절 능력 / 소근육 발달

**준비물** 워크지, 가위, 두꺼운 도화지 또는 손 코팅지

워크지 

# 동물들은 어떤 특징이 있을까요?

1. 동물 그림책을 읽어 보아요.
2. 동물의 생김새, 서식지, 움직임 등 특성에 대해 알아보고 이야기를 나누어요.
3. 새롭게 알게 된 동물의 특징에 대해 수수께끼 놀이를 해 보아요.

**쉬운 놀이** 동물의 움직임, 울음소리로 동물 맞추기 놀이를 즐겨 보아요.

**발달 영역** 책과 이야기 / 생명 존중 / 언어 능력 발달 / 과학적 탐구

**준비물** 동물 실물 그림책

# 투호 놀이

**놀이 순서**

1. 우리나라 전통 놀이인 투호 놀이에 대해 알아 보아요.
2. 나무젓가락 아랫부분에 점토를 뭉쳐 붙여 투호를 완성해요.
3. 투호 통과 일정 거리를 두고 앉아 투호를 던져 넣으며 재미있게 놀이를 해요.

**Tip**

무게 추가 있어야 통 안에 쉽게 넣을 수 있어요.

**발달 영역**

대근육 발달 / 소근육 발달 / 약속/규칙 정하기 / 긍정적 자아 인식 / 자기 조절 능력

**준비물**

빈 통, 나무젓가락, 점토

# 계란판 채우기 놀이

1. 계란판 두 개를 각각 하나씩 나누어 가져요.
2. '가위바위보'에서 이긴 사람이 계란판을 한 칸씩 채워 보아요.
3. 계란판을 먼저 다 채우면 승리!

**어려운 놀이**

계란판이 크다면 주사위를 던져서 나오는 수만큼 계란판을 채우는 놀이도 즐겨 보아요.

**발달 영역**

사회성 발달 · 약속/규칙 정하기 · 수학적 탐구 · 긍정적 자아 인식 · 문제 해결 능력

**준비물**

계란판 2개, 피규어 또는 솜 공 등

# 배추가 물들었어요

**놀이 순서**

1. 컵마다 식용 색소를 넣고 섞어 주세요.
2. 낱개로 떼어낸 배춧잎을 컵마다 한 장씩 넣어 보아요.
3. 점차 물들어가는 배춧잎을 관찰해요.

**Tip**

배추가 물드는 데 반나절 정도 소요될 수 있고, 색소의 농도가 진할수록 배추에 진하게 물이 들 수 있어요.

**발달 영역**

호기심 발달 / 과학적 탐구 / 오감 자극 / 감성 발달 / 건강/안전 인식

**준비물**

배추, 식용 색소, 플라스틱 컵 여러 개

# 빨래집게 사자 만들기

1. 사자 얼굴의 특징에 대해 이야기해 보아요.
2. 종이 접시에 사자의 얼굴을 그려 주세요.
3. 종이 접시 바깥 부분에 집게를 꽂아 사자의 갈기를 표현해 보아요.

**어려운 놀이** 사자 외 다른 동물들도 집게로 특징을 표현할 수 있어요.

**발달 영역** 소근육 발달 · 언어 능력 발달 · 미술 표현 능력 · 과학적 탐구

**준비물** 종이 접시, 펜, 빨래집게(나무집게로 대체 가능)

# 곡식으로 그림 그리기

1. 집에 있는 여러 종류의 곡식을 탐색해요.
2. 도화지에 그림을 그린 뒤 목공풀로 한번 더 그림을 그려요.
3. 곡식을 올려 꾸민 뒤 완성된 곡식 그림을 감상해요.

**Tip** 식용 색소를 이용해 쌀을 물들인 후, 색깔 쌀을 활용하여 꾸밀 수 있어요.

**발달 영역** 오감 자극 / 감성 발달 / 미술 표현 능력 / 창의력 발달 / 소근육 발달

**준비물** 여러 가지 곡식, 도화지, 목공풀, 네임펜

# 동물 가면을 만들어요

1. 종이 가방을 머리에 쓰고 눈 위치를 확인한 후, 구멍을 뚫어 주세요.
2. 다양한 도구와 재료를 활용해 좋아하는 동물 얼굴로 꾸며 보아요.
3. 가면을 완성하여 동물 가면 놀이를 즐겨요.

**어려운 놀이** 동물 주제의 동화를 보고 등장인물, 내용에 따라 연극을 해 보아도 좋아요.

**발달 영역** 미술 표현 능력 · 음악/신체 표현 능력 · 창의력 발달 · 언어 능력 발달 · 긍정적 자아 인식

**준비물** 머리보다 큰 종이 가방, 색종이, 풀, 그리기 도구, 꾸미기 재료, 가위

# 사방치기

1. 절연 테이프를 이용하여 사방치기 영역과 숫자를 표시해요.
2. 사방치기 놀이 방법에 따라 놀이해요.
3. 모든 숫자의 칸에서 성공하면 승리!

주사위 던져 나오는 숫자를 손, 발 이용하여 짚어보는 등 다양한 방법으로 놀이할 수 있어요.

대근육 발달 | 약속/규칙 정하기 | 자기 조절 능력 | 수학적 탐구 | 긍정적 자아 인식

준비물

절연 테이프, 플라스틱 병뚜껑, 가위

# 어떤 동물의 소리일까요?

**놀이 순서**

1. 여러 가지 동물 울음소리를 들어 보아요.
2. 동물 울음소리를 듣고 어떤 동물인지 맞추어 보아요.
3. 동물 소리를 흉내 내어 표현해 보아요.

**Tip**

동물 그림 카드가 있으면 함께 활용할 수 있어요.

**발달 영역**

과학적 탐구 · 생명 존중 · 호기심 발달 · 오감 발달 · 언어 능력 발달

**준비물**

동물 울음소리 음원

# 전래 동화 이야기

**놀이 순서**

1. 우리나라의 전래 동화를 귀 기울여 들어 보아요.
2. 줄거리, 등장인물, 느낀 점에 관해 이야기를 나누어요.
3. 동화를 듣고 기억에 남는 장면을 그림으로 그려요.

**Tip**

기억에 남는 장면을 그림으로 엮어 나만의 전래 동화책을 만들 수 있어요.

**발달 영역**

언어 능력 발달 / 사회성 발달 / 오감 자극 / 감성 발달

**준비물**

여러 가지 전래 동화(책, 영상 등), 도화지, 그리기 도구

# 말랑말랑 동물 만들기

**놀이 순서**

1. 클레이를 만지며 자유롭게 탐색해 보아요.
2. 만들어 보고 싶은 동물의 특징에 대해 이야기를 나누어요.
3. 이쑤시개, 눈알 등 꾸미기 재료를 활용하여 동물을 만들어 보아요.

**어려운 놀이**

만들고 싶은 동물을 미리 생각하여 그리거나 만들기 계획을 세워 주세요.

**발달 영역**

오감 자극 / 과학적 탐구 / 미술 표현 능력 / 창의력 발달 / 소근육 발달

**준비물**

클레이, 클레이 도구, 꾸미기 재료

놀이 블로그 

# 신나는 돼지 씨름

1. 바닥에 두 사람이 들어갈 만한 크기의 공간을 표시해 주세요.
2. 각자 두 손으로 다리를 잡고 두 사람이 등을 맞대어 앉아요.
3. 상대방을 밀어 표시한 공간 밖으로 보내면 승리!

**쉬운 놀이**

아이가 할 수 있는 동작으로 바꾸어 놀이해 보세요.

**발달 영역**

대근육 발달 | 약속/규칙 정하기 | 건강/안전 인식 | 사회성 발달 | 긍정적 자아 인식

**준비물**

색 테이프

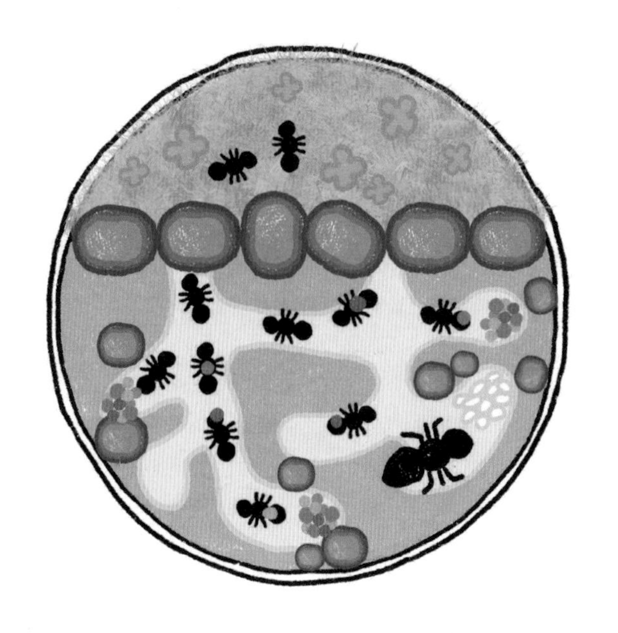

# 개미 스몰 월드

**놀이 순서**

1. 트레이에 모래, 돌멩이를 이용하여 개미집을 만들어요.
2. 종이에 개미를 그려서 잘라 주어요.
3. 완성된 개미 스몰 월드에서 즐겁게 놀이해요.

**어려운 놀이**

개미 자연 관찰책을 보며 개미 서식지 등 정보를 알아본 후 놀이로 표현하면 좋아요.

**발달 영역**

과학적 탐구 · 생명 존중 · 자연보호 · 창의력 발달 · 감성 발달

**준비물**

트레이, 모래, 돌멩이, 종이, 검정 펜(개미 피규어로 대체 가능)

놀이 영상 

# 우리나라 전통 장 관찰하기

1. 된장, 고추장, 간장, 쌈장을 시각과 후각, 미각을 이용해서 탐색해요.
2. 각각 다른 장의 특징에 관해 이야기를 나누어요.
3. 관찰한 내용을 워크지에 기록해 보아요.

직접 관찰한 장을 활용하여 요리하고 맛보면 식습관 개선에 도움이 돼요.

오감 자극 / 호기심 발달 / 건강/안전 인식 / 과학적 탐구 / 사회성 발달

된장, 고추장, 간장, 쌈장, 워크지, 쓰기 도구

워크지 

# 종이컵 오징어 만들기

1. 오징어 사진 또는 그림을 보며 오징어 다리가 몇 개인지 세어 보아요.
2. 종이컵을 중간 부분까지 세로로 잘라 10개의 다리를 만들어 보아요.
3. 색종이, 펜을 이용하여 세모 머리, 눈, 코, 입을 꾸며 오징어를 만들면 완성이에요.

**Tip** 문어 다리 수를 세어 보고, 문어를 만들어 볼 수도 있어요.

**발달 영역** 소근육 발달 / 수학적 탐구 / 과학적 탐구 / 건강/안전 인식 / 자기 조절 능력

**준비물** 종이컵, 가위, 색종이, 펜, 풀

# 태극기가 바람에 펄럭입니다

**놀이 순서**

1. 태극기 문양을 살펴보며 각각 어떤 의미가 있는지 알아 보아요.
2. 워크지에 가운데 태극 문양과 모서리의(건곤감리) 4괘를 색칠해 보아요.
3. 색칠한 태극기에 나무젓가락을 붙여 미니 태극기를 완성해요.

**어려운 놀이**

태극기 문양에 색종이를 찢어 모자이크 방법으로 꾸며볼 수 있어요.

**발달 영역**

사회성 발달 · 긍정적 자아 인식 · 수학적 탐구 · 미술 표현 능력 · 소근육 발달

**준비물**

워크지, 색연필, 테이프, 나무젓가락

워크지 

# 동물 아코디언 책 만들기

1. '아코디언 책 접기' 방식으로 책을 만들어 주세요.
2. 동물 그림을 그리거나 동물 사진을 붙여 준 뒤 동물 이름을 써 보아요.
3. 색종이, 그리기 도구를 활용하여 책 표지를 꾸며 보아요.

**Tip** 아이 수준에 따라 종이를 늘려서 책장 수를 늘려 줄 수 있어요.

**발달 영역** 책과 이야기 / 언어 능력 발달 / 과학적 탐구 / 미술 표현 능력

**준비물** 종이, 동물 사진, 그리기 도구, 가위, 풀, 색종이

놀이 블로그 

# 즐거운 팽이 놀이

놀이 순서

1. 종이컵 옆을 길게 여러 번 잘라서 펴 주어요.
2. 종이컵을 자유롭게 꾸미고 종이컵 바닥에 구멍을 뚫어 약병 뚜껑을 꽂아 주세요.
3. 완성된 팽이를 빙글빙글 돌리며 즐겁게 놀이해요.

Tip

두 사람이 동시에 팽이를 돌려서 누구의 팽이가 더 오래 돌아가는지 겨루어요.

발달 영역

사회성 발달 미술 표현 능력 소근육 발달 과학적 탐구 자기 조절 능력

준비물

종이컵, 송곳, 꾸미기 재료, 약병 뚜껑, 가위

# 동물 퍼즐 놀이

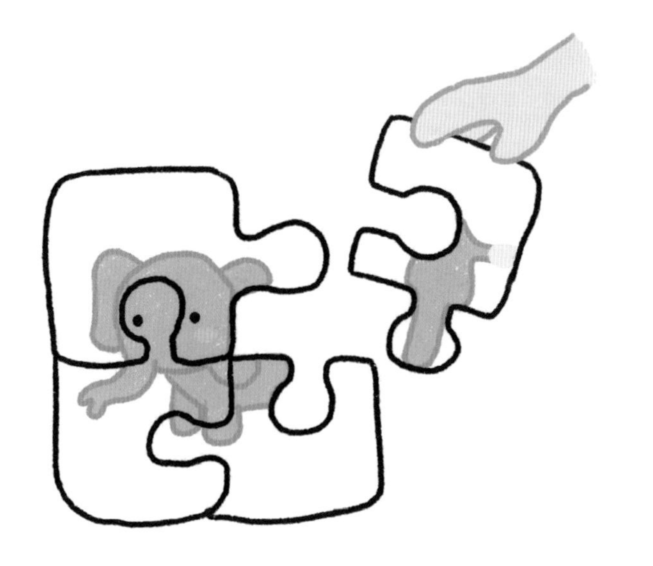

놀이 순서

1. 동물 퍼즐 워크지를 보며 동물의 전체 모습을 탐색해 보아요.
2. 동물 퍼즐 조각을 점선에 맞춰 가위로 잘라 주세요.
3. 퍼즐 조각을 맞춰 동물 그림을 완성해요.

어려운 놀이

아이 수준에 따라 한 번 더 잘라 퍼즐 조각 수를 늘려 줄 수 있어요.

발달 영역

수학적 탐구 · 소근육 발달 · 과학적 탐구 · 호기심 발달 · 문제 해결 능력

준비물

워크지, 가위

워크지 

# 뚜껑 글자를 만들어요

놀이 순서

1. 플라스틱 뚜껑 여러 개를 모아 주세요.
2. 뚜껑을 나열하여 다양한 모양을 만들어 보아요.
3. 뚜껑으로 내 이름을 만들어 보아요.

**어려운 놀이**

투명 플라스틱 뚜껑에 각각 한글 자음, 모음을 적어 병뚜껑으로 글자를 만들어 볼 수 있어요.

**발달 영역**

수학적 탐구 · 언어 능력 발달 · 문제 해결 능력 · 긍정적 자아 인식

**준비물**

플라스틱 뚜껑

# 캠핑 놀이

**놀이 순서**

1. 캠핑장에서의 경험을 이야기해 보고 필요한 소품을 준비해요.
2. 준비한 소품을 활용해 캠핑장을 만들고 꾸며 보아요.
3. 캠핑장 역할 놀이를 즐겨 보아요.

**Tip**

캠핑 경험이 없는 아이라면, 그림책 또는 캠핑장 풍경 사진을 보며 이야기를 나눈 후 놀이를 즐겨 보세요.

**발달 영역**

창의력 발달 언어 능력 발달 사회성 발달 감성 발달

**준비물**

캠핑장 역할 놀이에 필요한 소품

놀이 영상 

# 나만의 탑 만들기

놀이 순서

1. 세계 여러 나라의 탑 사진을 보면서 이야기를 나누어요.
2. 내가 만들고 싶은 탑 그림을 그려요.
3. 종이컵을 쌓아 나만의 탑을 만들어요.

쉬운 놀이

종이컵을 쌓아 올려보고 공을 굴려 무너뜨리기 놀이를 즐길 수 있어요.

발달 영역

언어 능력 발달 / 사회성 발달 / 대근육 발달 / 자기 조절 능력

준비물

워크지, 도화지, 그리기 도구, 종이컵

놀이 영상 

# 바나나 딸기 주스 만들기

**놀이 순서**

1. 바나나 딸기 주스를 만드는 데 필요한 재료를 준비하고 이름을 알아 보아요.
2. 빵칼로 바나나와 딸기를 잘라 보아요.
3. 믹서기 통에 재료들을 넣고 갈아서 주스를 완성해요.

**Tip** 과일을 자를 때 빵칼을 활용하면 안전하게 자를 수 있어요.

**발달 영역** 호기심 발달 / 과학적 탐구 / 오감 자극 / 소근육 발달 / 건강/안전 인식

**준비물** 바나나, 딸기, 우유, 빵칼, 믹서기, 도마

놀이 영상 

# 한글 도로 만들기

놀이 순서

1. 워크지를 인쇄하여 한글 도로의 모양을 살펴 보아요.
2. 도로의 모양을 따라 장난감 자동차를 굴려 보아요.
3. 한글 도로를 내가 원하는 도로 모양으로 잘라서 구성하고 자동차 놀이를 즐겨요.

Tip

워크지 위에 손 코팅지를 붙여주면 단단하게 사용할 수 있어요.

발달 영역

언어 능력 발달 / 호기심 발달 / 창의력 발달 / 자기 조절 능력

준비물

워크지, 장난감 자동차, 가위, 테이프, 손 코팅지(생략 가능)

워크지 

# 나와 함께 왈츠를

놀이 순서

1. 왈츠 음악을 감상해 보아요.
2. 아이와 손을 잡고 왈츠 리듬에 맞춰 춤을 춰요.
3. 엄마, 아빠의 발 위에 아이의 발을 올리고 리듬에 맞춰 움직여 보아요.

Tip

좋아하는 의상이나 소품(원피스, 스카프 등)을 활용하면 더욱 흥미롭게 놀이할 수 있어요.

발달 영역

음악/신체 표현 능력 · 대근육 발달 · 사회성 발달 · 긍정적 자아 인식 · 자기 조절 능력

준비물

왈츠 음원

# 자동차 사인펜 그림 그리기

1. 장난감 자동차 뒷범퍼 부분에 사인펜을 붙여 고정시켜 주세요.
2. 도화지 위에 자동차를 움직여 사인펜으로 그림이 그려지는 과정을 보세요.
3. 자동차를 움직여 직선, 곡선, 도형 등 자유롭게 그림을 그려 보세요.

**Tip** 장난감 자동차 여러 대와 다양한 색깔의 사인펜을 활용해 주세요.

**발달 영역** 미술 표현 능력 / 문제 해결 능력 / 호기심 발달 / 수학적 탐구 / 과학적 탐구

**준비물** 장난감 자동차, 사인펜, 도화지, 테이프(고무줄로 대체 가능)

# 감정 카드 만들기

**놀이 순서**

1. 다양한 표정과 감정(웃는 표정, 우는 표정, 화나는 표정, 찡그린 표정 등)에 대해 이야기를 나누어요.
2. 도화지를 카드 모양으로 잘라 다양한 얼굴 표정을 그려 보아요.
3. 각각의 카드에 그려진 표정을 따라해 보아요.

**Tip**

표정 카드를 보면서 느꼈던 감정과 경험에 대해 이야기 나누어 볼 수 있어요.

**발달 영역**

사회성 발달 / 긍정적 자아 인식 / 감성 발달 / 언어 능력 발달 / 소근육 발달

**준비물**

도화지, 그리기 도구(사인펜, 색연필)

# 여러 가지 바퀴 그리기

1. 승용차, 오토바이, 트럭, 자전거 등 각각 다르게 생긴 바퀴에 대해 이야기해 보아요.
2. 나의 자동차는 어떤 바퀴가 달려있을지 생각을 나누어요.
3. 자동차가 그려진 워크지에 나만의 바퀴를 꾸며 주세요.

자동차 그림이 아니더라도, ○△□ 등 모양을 자유롭게 꾸미면서 창의력을 발달시킬 수 있어요.

창의력 발달 · 미술 표현 능력 · 언어 능력 발달 · 긍정적 자아 인식 · 창의력 발달

워크지, 그리기 도구

워크지 

# 박수 치기 짝짝짝

놀이 순서

1. 엄마가 '짝짝' 하고 박수를 쳐 주세요.
2. 엄마의 박수 수만큼 똑같이 따라 쳐 보아요.
3. 두 사람이 손을 마주하고 미리 말한 입 박수에 맞춰 박수를 쳐 보아요.

어려운 놀이

상대방이 말하는 글자 수에 맞춰 박수를 쳐 보는 놀이를 즐길 수 있어요.
"잘 먹겠습니다" ···› "짝 짝짝짝짝짝"

발달 영역

사회성 발달 대근육 발달 소근육 발달 자기 조절 능력 약속/규칙 정하기

준비물

없음

# 우리 동네 대중교통 노선

1. 우리 동네 대중교통의 노선을 살펴 보아요.
2. 도화지에 노선을 그려 보아요.
3. 교통기관 운전기사가 되어 노선에 따라 운전하는 역할 놀이를 해 보아요.

노선 위에 투명 필름을 붙이고 그 위에 노선을 따라 그릴 수 있어요.

사회성 발달 | 약속/규칙 정하기 | 호기심 발달 | 건강/안전 인식 | 수학적 탐구

우리 동네 대중교통 노선 자료, 도화지, 사인펜

# 나만의 액자를 만들어요

1. 하드바로 액자 모양을 만든 다음 목공풀로 붙여 고정시켜요.
2. 스티커 등 꾸미기 재료를 이용해 액자를 꾸며 보아요.
3. 액자 뒷면에 가족사진을 붙여 주면 나만의 액자 완성!

Tip

완성한 액자에 끈을 달아 잘 보이는 곳에 전시해 두면 성취감을 가질 수 있어요.

발달 영역

긍정적 자아 인식 사회성 발달 건강/안전 인식 미술 표현 능력 창의력 발달

준비물

하드바, 목공풀(혹은 글루건), 그리기 도구, 꾸미기 재료(스티커 등)

# 상자 터널 속으로

**놀이 순서**

1. 상자를 눕혀 뚜껑을 열고, 터널처럼 만들어요.
2. 상자를 여러 개 연결해서 붙인 다음 긴 터널을 만들어 통과해 보세요.
3. 자동차 장난감을 굴려 통과시켜 보세요.

**쉬운 놀이**

상자 안에 숨었다 나타나며 까꿍 놀이를 즐길 수 있어요.

**발달 영역**

대근육 발달 / 자기 조절 능력 / 소근육 발달 / 약속/규칙 정하기 / 사회성 발달

**준비물**

상자 여러 개, 장난감 자동차

놀이 영상 

# 휴지심 미끄럼틀

**놀이 순서**

1. 휴지심을 반으로 잘라요.
2. 휴지심 반쪽 여러 개를 미끄럼틀처럼 비스듬히 눕혀 경사를 만들어 벽에 고정시켜 주세요.
3. 작은 공(또는 구슬)을 굴리면서 놀이를 해요.

**어려운 놀이**

아이 수준에 맞춰 경사로 개수, 높이, 모양을 다르게 구성할 수 있어요.

**발달 영역**

과학적 탐구 수학적 탐구 호기심 발달 문제 해결 능력 소근육 발달

**준비물**

휴지심, 가위, 테이프, 작은 공(구슬로 대체 가능)

# 캠핑카 놀이

1. 캠핑을 하려면 어떤 물건이 필요한지 이야기 해 보아요.
2. 캠핑카 놀이에 필요한 소품을 찾거나 만들어 준비해 주세요.
3. 준비한 소품을 활용하여 캠핑카 놀이를 해 보아요.

**Tip**

캠핑을 해본 경험이 없다면 사진이나 영상 자료로 흥미를 유도할 수 있어요.

**발달 영역**

언어 능력 발달 · 사회성 발달 · 미술 표현 능력 · 창의력 발달

**준비물**

캠핑 놀이에 필요한 소품

# 카네이션을 만들어요

**놀이 순서**

1. 여러 개의 습자지를 동그란 모양으로 자른 다음 가운데를 스테이플러로 고정해 주세요.
2. 손으로 습자지를 구겨 카네이션 꽃잎을 만들어요.
3. 초록색 색지를 잘라 카네이션 잎사귀를 만들어요.

**Tip**

직접 만든 카네이션은 5/7 놀이인 '어버이날 카드 만들기'에 활용할 수 있어요.

**발달 영역**

미술 표현 능력 · 오감 자극 · 소근육 발달 · 사회성 발달 · 감성 발달

**준비물**

습자지, 스테이플러, 가위, 초록색 색지

놀이 블로그

# 미래 자동차 만들기 놀이

1. 내가 그린 미래 자동차를 소개해 보아요.
2. 내가 그린 자동차를 블록으로 만들어 보아요.
3. 직접 설계하고 만든 자동차를 활용해 놀이를 해 보세요.

**Tip** 블록이 아닌 재활용품을 활용해 만들기 활동을 할 수 있어요.

**발달 영역** 창의력 발달 · 문제 해결 능력 · 소근육 발달 · 언어 능력 발달

**준비물** 도화지, 그리기 도구, 블록

# 어버이날 카드 만들기

**놀이 순서**

1. 색지를 반으로 접어 카드 모양으로 만들어 주세요.
2. 카드 앞표지에 직접 만든 카네이션을 붙이거나 꾸며 보아요.
3. 카드 안쪽에 편지를 쓰거나 그림을 그려 부모님과 할머니, 할아버지께 감사의 마음을 표현해요.

**쉬운 놀이**

하고 싶은 말을 생각하여 그림으로 표현해 보세요.

**발달 영역**

사회성 발달　언어 능력 발달　긍정적 자아 인식　감성 발달　자기 조절 능력

**준비물**

색지, 색종이, 풀, 꾸미기 재료, 쓰기 도구(사인펜, 색연필)

놀이 블로그 

# 내가 상상하는 미래 자동차

놀이 순서

1. 미래에는 어떤 교통기관이 생겨날지 상상하여 이야기를 해 보세요.
2. 앞으로 나올 미래 자동차 모양에 대해 말해 보아요.
3. 내가 상상한 자동차를 그림으로 표현해 보세요.

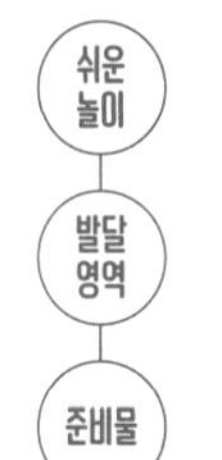

쉬운 놀이

미래 자동차를 상상하는 것이 어렵다면, 내가 타고 싶은 자동차를 그려볼 수도 있어요.

발달 영역

창의력 발달 · 미술 표현 능력 · 과학적 탐구 · 언어 능력 발달 · 소근육 발달

준비물

도화지, 그리기 도구

# 날 따라 해 봐요

1. 〈날 따라 해 봐요〉 노래를 듣고 따라 불러요.
2. 〈날 따라 해 봐요〉 가사에 맞춰 한 사람의 동작을 따라해 보아요.
3. 역할을 바꿔 동작을 보여 주고, 따라해 보아요.

**Tip** 신체 발달 수준에 맞게 동작을 조절할 수 있어요.

**발달 영역** 대근육 발달 · 소근육 발달 · 음악/신체 표현 능력 · 긍정적 자아 인식 · 사회성 발달

**준비물** 〈날 따라 해 봐요〉 음원

# 신나는 핸들 춤

**놀이 순서**

1. 동그란 물건을 사용해 핸들을 만들어 주세요.
2. 자동차처럼 핸들을 움직여 운전 놀이를 해 보아요.
3. 좋아하는 노래에 맞춰 신나게 핸들 춤을 추어요.

**Tip**

〈그대로 멈춰라〉, 〈호키 포키〉와 같이 지시 동작이 있는 노래를 활용하면 더 즐겁게 놀이할 수 있어요.

**발달 영역**

음악/동작 표현 능력 · 소근육 발달 · 사회성 발달 · 대근육 발달 · 사회성 발달

**준비물**

동그란 물건(냄비 뚜껑 등)

9

# 우리 가족이 좋아하는 음식

놀이 순서

1. 마트의 광고지를 가위로 잘라요.
2. 카트 모양의 워크지에 우리 가족이 좋아하는 음식들을 풀로 붙여요.
3. 어떤 음식들을 담았는지 이야기를 나누어요.

쉬운 놀이

가위질이 어려운 아이들에게는 음식 그림을 잘라 주세요.

발달 영역

사회성 발달 긍정적 자아 인식 소근육 발달 건강/안전 인식 자기 조절 능력

준비물

워크지, 마트 광고지, 가위, 풀

워크지 

# 레고 브릭 언플러그드 코딩

놀이 순서

1. 도화지를 브릭 크기에 맞게 여러 장 자르고 화살표를 그려 주세요.
2. 레고 브릭판에 출발과 도착 지점을 정하고 이동 말이 도착할 수 있도록 화살표를 그린 도화지를 나열해 주세요.
3. 화살표에 맞게 브릭을 판에 끼워 길을 만들고, 도착지까지 이동 말을 움직여 주세요.

**Tip** 화살표 방향을 자유롭게 배치하며 길을 만들어 볼 수 있어요.

**발달 영역** 수학적 탐구 / 문제 해결 능력 / 과학적 탐구 / 긍정적 자아 인식 / 자기 조절 능력

**준비물** 레고 브릭판, 레고 브릭, 도화지, 사인펜, 이동 말

놀이 영상 

# 효도 쿠폰 만들기

1. 엄마, 아빠를 위해 아이가 할 수 있는 일에 대해 이야기를 나누어요.
2. 효도 쿠폰 워크지 또는 종이를 8등분으로 잘라 보아요.
3. 종이 위에 할 수 있는 일을 적고 꾸며 효도 쿠폰을 완성해요.

**Tip** 효도 쿠폰을 오랫동안 쓸 수 있도록 코팅을 하여 완성해 주거나 카드 지갑을 만들어 보관해 보세요.

**발달 영역** 언어 능력 발달 / 사회성 발달 / 미술 표현 능력 / 소근육 발달

**준비물** 워크지, 가위, 쓰기 도구(색연필, 사인펜)

워크지 

# 데굴데굴 병뚜껑

1. 병뚜껑을 하나씩 골라 테이블 위에 굴려 보아요.
2. 두 사람 이상이 테이블 위에 병뚜껑을 굴려 누가 누가 멀리 보내나 놀이를 해요.
3. 목표 지점을 정한 후 가까이 보내는 사람이 이기는 것으로 규칙을 바꾸고 놀이를 즐겨보세요.

엄지와 검지로만 병뚜껑을 쳐서 누가 더 멀리 이동하는지 놀이할 수 있어요.

소근육 발달 | 약속/규칙 정하기 | 사회성 발달 | 자기 조절 능력 | 긍정적 자아 인식

병뚜껑

# 쉐이빙 폼 색깔 놀이

**놀이 순서**

1. 트레이에 쉐이빙 폼을 짜고 촉감 놀이를 해 보아요.
2. 쉐이빙 폼에 색소를 떨어뜨리고 색을 섞어 보아요.
3. 도화지에 좋아하는 그림을 그리고, 색깔 쉐이빙 폼으로 꾸며 보아요.

**어려운 놀이**

머핀 종이컵에 색깔 쉐이빙 폼을 담고, 비즈 또는 빨대를 잘라 넣어 꾸며 줄 수 있어요.

**발달 영역**

과학적 탐구 · 호기심 발달 · 오감 자극 · 창의력 발달 · 미술 표현 능력

**준비물**

트레이, 쉐이빙 폼(버블 폼으로 대체 가능),
식용 색소(수채 물감으로 대체 가능), 나무젓가락

놀이 블로그

# 자동차 주차 수 놀이

**놀이 순서**

1. 넓은 상자 안쪽에 주차선을 그리고 각 주차 공간에 번호를 써 주세요.
2. 종이에 숫자를 써서 장난감 자동차에 붙여 보세요.
3. 숫자가 적힌 주차장에 같은 번호의 자동차를 주차해 보아요.

**어려운 놀이**

실제 자동차 번호판과 같이 4자리 숫자로 구성하여 난이도를 높여줄 수 있어요.

**발달 영역**

수학적 탐구 / 호기심 발달 / 건강/안전 인식 / 약속/규칙 정하기 / 사회성 발달

**준비물**

상자, 네임펜, 장난감 자동차, 종이, 테이프, 가위

# 미용실 놀이

1. 미용실에 가 보았던 경험을 떠올려 거울, 의자 등을 배치해 보아요.
2. 미용사, 손님 역할을 정해 보아요.
3. 미용사는 손님의 머리를 멋지게 꾸며 주면서 역할 놀이를 해요.

**Tip** 인형을 활용해 미용실 놀이를 즐길 수도 있어요.

**발달 영역** 사회성 발달 긍정적 자아 인식 창의력 발달 언어 능력 발달

**준비물** 스카프, 빗, 거울, 헤어 롤, 분무기, 머리핀, 고무줄, 놀잇감 가위, 의자

# 자석 자동차 경주 놀이

1. 장난감 자동차의 위쪽에 막대자석을 놓고 고무줄로 감아 고정시켜요.
2. 자동차의 자석 부분에 다른 막대자석의 같은 극을 대고 자동차를 밀어 보아요.
3. 자동차를 출발선에 나란히 두고 자석 자동차 경주 놀이를 즐겨요.

자동차가 너무 무거우면 앞으로 잘 나가지 않을 수 있으므로 자석의 크기와 놀잇감의 무게를 고려해서 놀이해 보세요.

과학적 탐구 / 호기심 발달 / 수학적 탐구 / 자기 조절 능력 / 문제 해결 능력

준비물

장난감 자동차 2개, 막대자석 4개, 고무줄

# 하트로 내 마음을 전해요

놀이 순서

1. QR 코드를 참고하여 색종이로 하트 만드는 방법을 알아 보아요.
2. 종이 접기 순서에 따라 하트를 접어 보아요.
3. 주고 싶은 가족, 친구의 이름을 적어 마음을 전해요.

**Tip** 색종이 하트에 막대 사탕을 끼우고 친구들에게 마음을 담아 전달해 보세요.

**발달 영역** 소근육 발달 문제 해결 능력 언어 능력 발달 수학적 탐구 사회성 발달

**준비물** 색종이, 펜

놀이 블로그

# 글자 모양 따라 스티커 붙이기

1. 워크지에 쓰인 교통기관 이름의 글자를 살펴 보아요.
2. 글자를 따라 스티커를 붙여 보아요.
3. 완성된 글자를 보고 소리 내어 읽어요.

**Tip** 스티커 붙이기 대신 글자를 따라 쓰거나 도트 물감 찍기를 할 수 있어요.

**발달 영역** 언어 능력 발달 / 소근육 발달 / 자기 조절 능력

**준비물** 스티커, 워크지

워크지 

# 선생님에게 편지 쓰기

1. 스승의 날에 대해 이야기해 보아요.
2. 선생님에게 하고 싶은 말을 생각하고 적어 보세요.
3. 다양한 꾸미기 재료를 활용하여 편지를 써 보아요.

아이가 전하고 싶은 마음을 듣고 써 주거나, 그림으로 표현할 수 있어요.

언어 능력 발달 사회성 발달 소근육 발달

종이, 쓰기 도구(사인펜, 색연필 등), 가위, 풀, 꾸미기 재료(스티커 등)

# 종이배를 접어요

1. 종이를 접어 배를 만들어 보세요.
2. 넓은 대야에 물을 담고 종이배를 띄워 보아요.
3. 후 불거나 물결을 만들어 종이배를 움직이게 해 주세요.

**Tip**

종이배가 젖어서 물에 가라앉는다면 물이 닿는 부분에 양초를 발라 물에 젖지 않는 배를 만들 수 있어요.

**발달 영역**

소근육 발달 / 수학적 탐구 / 과학적 탐구 / 호기심 발달 / 자기 조절 능력

**준비물**

종이, 넓은 대야, 물

# 식빵 피자 만들기

**놀이 순서**

1. 식빵 피자 만드는 방법에 대해 이야기를 나누어요.
2. 피자 토핑 재료를 빵칼로 잘라 보세요.
3. 식빵 위에 토마토 소스를 바르고 토핑 재료들을 올린 후 전자레인지에 2분 정도 돌려 주세요.

**Tip**

전자레인지의 기능에 따라 조리 시간을 조절해 주세요.

**발달 영역**

건강/안전 인식 생활 습관 소근육 발달 긍정적 자아 인식 약속/규칙 정하기

**준비물**

식빵, 피자 토핑 재료(치즈, 양파, 옥수수콘, 햄, 소스 등),
전자레인지(오븐으로 대체 가능)

# 교통경찰관 역할 놀이

1. 교통경찰관의 역할(교통지도, 수신호 등)에 대해 이야기를 나누어 보아요.
2. 교통경찰관 놀이에 필요한 소품(경광봉 등)을 준비해 보아요.
3. 운전자와 교통경찰관으로 나누어 역할 놀이를 즐겨 보세요.

**어려운 놀이** 교통 수신호의 의미를 알아본 후 신체로 표현할 수 있어요.

**발달 영역** 사회성 발달 / 약속/규칙 정하기 / 언어 능력 발달 / 긍정적 자아 인식 / 창의력 발달

**준비물** 종이 상자, 색 시트지 또는 색종이, 교통경찰 소품(호루라기 등), 그리기 도구

# 엄마, 아빠
# 핸드폰 번호

**놀이 순서**

1. 엄마, 아빠의 핸드폰 번호를 말해 보아요.
2. 종이 위에 번호를 써서 잘라 보아요.
3. 자른 숫자 조각을 엄마, 아빠의 핸드폰 번호로 나열해 보아요.

**Tip**

아직 숫자가 어렵다면 장난감 전화기를 활용해 전화 놀이를 즐길 수 있어요.

**발달 영역**

수학적 탐구 · 소근육 발달 · 문제 해결 능력 · 약속/규칙 정하기 · 사회성 발달

**준비물**

사인펜, 종이, 가위

# 자동차 경사로 놀이

놀이 순서

1. 단단한 상자를 놓아 경사로를 만들어 주세요.
2. 경사로에 자동차를 굴려보고 움직이는 모습을 관찰해 보아요.
3. 높이가 다른 경사로를 만들어 보고 속도의 차이를 살펴보세요.

Tip

꼭 자동차가 아니더라도 아이가 좋아하는 구슬, 블록 등을 활용해 볼 수 있어요.

발달 영역

수학적 탐구 / 호기심 발달 / 과학적 탐구 / 자기 조절 능력 / 소근육 발달

준비물

단단한 상자, 장난감 자동차

# 내 공을 받아라

**놀이 순서**

1. 두 사람이 마주 보고 서 주세요.
2. 힘을 조절하여 앞에 선 사람에게 공을 던져요.
3. 상대방이 던진 공을 받아 보세요.

**Tip**

빨래 바구니, 상자 등 목표물을 놓고 골인시켜 볼 수도 있어요.

**발달 영역**

대근육 발달 사회성 발달 약속/규칙 정하기 건강/안전 인식 자기 조절 능력

**준비물**

공

# 교통안전 O, X 퀴즈

1. 우리가 지켜야 하는 교통안전 규칙에 대해 이야기를 나누어요.
2. 교통안전 규칙 O, X 퀴즈를 맞혀 보아요.
3. 퀴즈를 모두 맞히면 안전운전 면허증을 수여해 주세요(면허증 워크지 제공).

**어려운 놀이** O, X 판을 직접 만들어 활용해도 좋아요.

**발달 영역** 약속/규칙 정하기 | 건강/안전 인식 | 언어 능력 발달 | 사회성 발달

**준비물** 워크지

워크지 

# 선생님이 되어 보아요

**놀이 순서**

1. 선생님은 어떤 일을 하는지 이야기해 보세요.
2. 선생님 역할 놀이를 위해 필요한 놀잇감을 준비해 보아요.
3. 선생님 역할 놀이를 해요.

**Tip**

블록을 활용해 어린이집(또는 유치원)을 구성하여 역할 놀이를 확장할 수 있어요.

**발달 영역**

사회성 발달 · 언어 능력 발달 · 창의력 발달 · 미술 표현 능력

**준비물**

선생님 놀이에 필요한 소품

# 교통수단 티켓 만들기

**놀이 순서**

1. 내가 타 본 교통수단의 티켓을 살펴보며 비행기, 기차, 버스 등 교통수단을 이용하는 방법에 대해 이야기해 보아요.
2. 나만의 교통수단 티켓을 만들어 보아요(티켓 워크지 제공).
3. 내가 만든 교통수단 티켓을 활용하여 역할 놀이를 해 보아요.

**Tip** 티켓을 자유롭게 만들어볼 수 있고, 워크지를 활용해도 좋아요.

**발달 영역** 언어 능력 발달 / 창의력 발달 / 사회성 발달 / 약속/규칙 정하기

**준비물** 워크지, 그리기 도구

워크지

# 걱정 인형 만들기

**놀이 순서**

1. 요즘 걱정이 있는지 이야기를 나누어요.
2. 양말에 솜을 채우고, 고무줄로 묶어 준 뒤 자유롭게 꾸며 걱정 인형을 만들어 보아요.
3. 인형에게 고민과 걱정을 이야기해 보세요.

**쉬운 놀이**

부드러운 촉감의 양말 인형은 어린 영아들에게도 안정감을 줄 수 있어요.

**발달 영역**

언어 능력 발달 · 긍정적 자아 인식 · 사회성 발달 · 자기 조절 능력

**준비물**

양말, 고무줄, 솜, 꾸미기 재료

# 자동차 바퀴로 그림 그리기

**놀이 순서**

1. 넓은 트레이에 물감을 짜고, 그 위에 장난감 자동차를 굴려 보아요.
2. 바퀴에 물감이 충분히 묻으면, 큰 종이에 장난감 자동차 바퀴를 굴려 그림을 그려요.
3. 자동차마다 바퀴의 무늬와 선의 굵기가 어떻게 다른지 비교해 보아요.

**Tip**

크기와 종류가 다른 장난감 자동차를 활용하면 바퀴 무늬의 차이가 잘 보여 좋아요.

**발달 영역**

미술 표현 능력 호기심 발달 과학적 탐구 수학적 탐구 오감 자극

**준비물**

전지, 장난감 자동차, 트레이, 물감

놀이 영상 

# 마트로 가자!

**놀이 순서**

1. 큰 블록들을 활용해 마트를 만들어 보아요.
2. 음식 모형을 이용해 마트에서 판매하는 물건을 진열해 보아요.
3. 가게 주인, 손님 등 역할을 정해 마트 놀이를 해 보아요.

**어려운 놀이** 종이에 숫자를 쓰거나 카드를 만들어 계산하며 기초적 경제 개념을 키워 줄 수 있어요.

**발달 영역** 사회성 발달 언어 능력 발달 창의력 발달 수학적 탐구

**준비물** 블록, 음식 모형, 장바구니 등 마트 놀이 소품

# 바퀴 수를 세어 보아요

놀이 순서

1. 워크지에 나온 교통기관 사진을 보고 이름을 따라 써 보아요.
2. 교통기관의 바퀴 수를 세어 숫자를 써 보아요.
3. 교통기관의 종류에 따라 바퀴 수를 비교해 보세요.

Tip

교통기관 그림 카드를 활용해도 좋아요.

발달 영역

수학적 탐구 소근육 발달 언어 능력 발달 문제 해결 능력

준비물

워크지, 펜

워크지 

# 꼬마 김밥 만들기

1. 김밥에 들어갈 식재료를 준비해 주세요.
2. 김을 깔고 밥과 재료를 넣어 보세요.
3. 돌돌 말아 김밥을 완성하고 맛있게 먹어요.

**쉬운 놀이**

김밥 만들기가 어렵다면, 주먹밥 만들기로 대체해 보아요.

**발달 영역**

건강/안전 인식　　생활 습관　　소근육 발달　　오감 자극

**준비물**

김밥 재료(김, 밥, 시금치, 계란, 당근 등)

놀이 영상 

# 미로 찾기 놀이

**놀이 순서**

1. 미로 찾기 워크지를 출력해 주세요.
2. 미로를 찾는 방법에 대해 이야기를 나누며 출발부터 도착 지점까지 선을 이어 보세요.
3. 벽에 닿지 않고 도착 지점까지 도착하면 성공!

**쉬운 놀이**

도화지에 아주 간단한 미로를 그려 찾아볼 수 있도록 놀이 수준을 조절할 수 있어요.

**발달 영역**

수학적 탐구 / 언어 능력 발달 / 자기 조절 능력 / 소근육 발달

**준비물**

워크지, 펜

워크지 

# 두루마리 휴지 키재기

**놀이 순서**

1. 두루마리 휴지를 준비해 주세요.
2. 키만큼 두루마리 휴지를 풀어 잘라 보아요.
3. 가족 구성원의 키만큼 풀어 본 휴지 길이를 비교해 보아요.

**어려운 놀이**

가족 구성원들의 키를 모두 재어 보고 휴지의 칸 수를 세어 기록할 수 있어요.

**발달 영역**

수학적 탐구 대근육 발달 건강/안전 인식 생활 습관 호기심 발달

**준비물**

두루마리 휴지

# 비행기 조종사가 되어 보아요

1. 비행기를 타 보았던 경험에 대해 이야기해 보아요.
2. 재활용품으로 비행기를 만들어 보세요.
3. 소품을 활용해 조종사로 변신하여 극놀이를 해 보아요.

**Tip** 아이가 직접 사용할 수 있는 돌돌이 테이프를 활용하면 활동에 더욱 몰입할 수 있어요.

**발달 영역** 창의력 발달 / 미술 표현 능력 / 소근육 발달 / 사회성 발달 / 자연보호

**준비물** 택배 상자 등 재활용품, 가위, 테이프, 풀, 꾸미기 재료, 극놀이 소품(헤드셋 등)

# '누구의 물건일까요?' 알아맞혀 보세요

1. 가족 구성원들의 물건을 골라 상자 속에 넣으세요.
2. 손을 넣어 물건을 꺼내 확인한 후, 이 물건에 대해 설명해 보아요.
3. 누구의 물건인지 정답을 이야기해 보아요.

물건 대신 그림 카드를 활용하거나, 수수께끼 대신 스무고개 형식으로도 즐겨 볼 수 있어요.

언어 능력 발달 약속/규칙 정하기 사회성 발달 창의력 발달

준비물

가족들 물건, 물건을 숨길 수 있는 주머니(상자로 대체 가능)

# 교통 표지판 모자이크

1. 교통 표지판 종류와 이름을 알아 보아요.
2. 교통 표지판 표시에 따른 의미를 알아 보아요.
3. 교통 표지판 워크지에 색종이를 찢어 붙여 모자이크 놀이를 해 보아요.

**어려운 놀이**

우리 집에서 지킬 수 있는 규칙 표지판을 만들어 보세요.

**발달 영역**

언어 능력 발달 · 건강/안전 인식 · 약속/규칙 정하기 · 소근육 발달

**준비물**

워크지, 풀, 색종이

워크지 

# 멋지게 리폼해요

1. 잘 입지 않는 옷 또는 신발을 준비해 주세요.
2. 패브릭마카를 사용해 자유롭게 꾸며요.
3. 멋지게 완성된 옷을 입어 보아요.

**어려운 놀이** 전사지 등 더 많은 리폼 재료를 활용할 수 있어요.

**발달 영역** 미술 표현 능력 · 창의력 발달 · 감성 발달 · 오감 자극 · 자연보호

**준비물** 더 이상 입지 않는 옷이나 신발, 패브릭마카

# 교통기관 수수께끼

**놀이 순서**

1. 교통기관 그림 카드를 보며 여러 가지 교통기관의 특징에 대해 이야기해 보아요(교통기관 워크지 참고).
2. 그림 카드를 섞어 한 사람은 수수께끼를 내요.
3. 다른 사람은 수수께끼를 듣고 정답을 말해요.

**어려운 놀이**

수수께끼 대신 스무고개로 놀이를 확장할 수 있어요.

**발달 영역**

언어 능력 발달 · 과학적 탐구 · 긍정적 자아 인식 · 호기심 발달 · 사회성 발달

**준비물**

워크지 또는 교통기관 그림 카드

워크지 

# 머리카락이 자라나요

놀이 순서

1. 약병에 물과 물감을 넣고 섞어 보아요.
2. 얼굴 그림이 그려진 워크지의 머리 부분에 물감을 한 방울씩 떨어뜨려 주세요.
3. 빨대로 물감을 불어 머리카락을 다양하게 표현해 보아요.

쉬운 놀이

빨대를 불기 어려운 아이들은 입김으로 불거나, 종이를 기울여 흘러내리기 놀이로 대체할 수 있어요.

발달 영역

미술 표현 능력 감성 발달 호기심 발달 소근육 발달 자기 조절 능력

준비물

얼굴 워크지, 빨대, 물감, 약병

# 교통기관 책 만들기

1. 책 만들기 워크지를 보며 여러 가지 교통기관에 대해 이야기를 나누어요.
2. 교통기관을 자유롭게 색칠하고, 교통기관 이름을 따라 써 보아요.
3. '8쪽 접기 책 접기'로 교통기관 책을 완성해요.

특수차의 종류에 대해 알아보고 이름과 특징을 적어 책 만들기로 확장할 수 있어요.

**발달 영역**

언어 능력 발달 · 책과 이야기 · 과학적 탐구

**준비물**

워크지, 쓰기 도구, 펜

워크지 

# 가족 손가락 인형 만들기

1. 고무장갑 손가락 부분을 잘라 뒤집어 주세요.
2. 네임펜으로 눈, 코, 입을 만들고 털실을 활용해 머리카락을 꾸며 주어요.
3. 손가락 인형을 손가락에 끼고 가족 역할극 놀이를 해요.

**Tip** 표정 스티커를 활용하면 다양한 감정을 표현할 수 있어요.

**발달 영역** 사회성 발달 미술 표현 능력 창의력 발달 자연보호

**준비물** 고무장갑(손가락 부분), 털실, 가위, 네임펜

# 비행기 접어 날리기

**놀이 순서**

1. 비행기 접는 방법을 찾아 보아요.
2. 다양한 크기의 종이로 비행기를 접어 보세요.
3. 완성된 비행기를 멀리 날려 보아요.

**Tip**

크기와 색이 다양한 종이를 활용해 볼 수 있어요.

**발달 영역**

소근육 발달 / 대근육 발달 / 수학적 탐구 / 과학적 탐구 / 자기 조절 능력

**준비물**

색종이

# 슝슝~ 두부 미사일 놀이

**놀이 순서**

1. 빨대로 두부를 콕 찍은 후 비눗방울 불듯 빨대를 힘껏 불어 두부를 날려 보아요.
2. 누가 누가 더 멀리 날리나 놀이를 해 보아요.
3. 휴지심 위에 가벼운 공을 올린 후 두부 미사일을 맞춰 넘어뜨려 보아요.

**쉬운 놀이**

빨대를 불어 두부 날리기가 어렵다면, 찍기 틀로 찍어 보고 자유롭게 만지며 촉감 놀이를 즐겨 볼 수도 있어요.

**발달 영역**

소근육 발달 호기심 발달 과학적 탐구 자기 조절 능력 약속/규칙 정하기

**준비물**

두부, 빨대, 트레이, 휴지심, 가벼운 공(볼풀공)

놀이 영상 

# 데구르르
# 구슬 미로

1. 상자 뚜껑 안쪽에 미로 그림을 그려요.
2. 미로 선을 따라 빨대를 잘라 붙여 보세요.
3. 미로를 따라 구슬을 요리조리 굴려 보아요.

**어려운 놀이**

미로를 만들기 전, 도화지에 먼저 미로를 설계해 보면서 놀이의 난이도를 조절할 수 있어요.

**발달 영역**

과학적 탐구 · 호기심 발달 · 수학적 탐구 · 약속/규칙 정하기 · 소근육 발달

**준비물**

상자 뚜껑, 빨대, 가위, 테이프, 구슬

# 종이컵 표정 인형 만들기

**놀이 순서**

1. 종이컵에 눈, 코, 입을 제외한 사람 그림을 그려 보아요.
2. 칼로 얼굴 부분을 잘라 낸 후 종이컵 2개를 겹쳐 주고, 컵을 돌려 가며 다양한 표정을 그려 보아요.
3. 인형의 표정을 보면서 다양한 감정에 대해 이야기를 나누어 보아요.

**Tip**

칼을 사용해 얼굴 부분을 뚫을 때는 반드시 안전하게 엄마, 아빠가 해 주세요.

**발달 영역**

사회성 발달 · 긍정적 자아 인식 · 건강/안전 인식 · 자기 조절 능력 · 미술 표현 능력

**준비물**

종이컵 2개, 칼, 가위, 그리기 도구

놀이 블로그 

# 도로 만들기

1. 도화지 위에 회색 크레파스나 마스킹 테이프를 사용해 도로를 만들어 보아요.
2. 도화지를 자유롭게 연결하여 도로를 구성해요.
3. 장난감 자동차를 활용해 교통기관 놀이를 해 보아요.

**어려운 놀이**

신호등, 교통 표지판 등을 추가로 만들어 활용하면 자연스럽게 교통 규칙도 배울 수 있어요.

**발달 영역**

소근육 발달 / 건강/안전 인식 / 약속/규칙 정하기 / 미술 표현 능력 / 사회성 발달

**준비물**

도화지, 회색 마스킹 테이프(회색 크레파스로 대체 가능), 장난감 자동차

# 축하 케이크를 만들어요

**놀이 순서**

1. 식빵에 잼을 바르고 다른 빵으로 덮어 주세요.
2. 겹겹이 쌓은 빵에 생크림을 발라 주고, 과일을 잘라 올려서 꾸며 보아요.
3. 완성한 케이크에 초를 꽂아 축하 노래를 부르고, 맛있게 먹어요.

**Tip** 잼, 과일 또는 과자, 젤리 등 아이가 좋아하는 재료를 활용할 수 있어요.

**발달 영역** 건강/안전 인식 생활 습관 소근육 발달 오감 자극 자기 조절 능력

**준비물** 식빵, 잼, 생크림, 과일, 빵칼, 생일 초

# 끝말잇기 놀이

**놀이 순서**

1. 끝말잇기 규칙에 대해 이야기해요.
2. 두 사람 이상이 함께 끝말잇기를 즐겨 보아요.
3. 끝말잇기로 말한 단어를 워크지에 순서대로 적어 보아요.

**쉬운 놀이**

아이가 글자 쓰기를 어려워 하면 끝말잇기 놀이만 즐겨 보세요.

**발달 영역**

언어 능력 발달 | 사회성 발달 | 약속/규칙 정하기 | 소근육 발달

**준비물**

워크지, 연필, 지우개

워크지 

# 실 전화기 놀이

**놀이 순서**

1. 종이컵 2개의 바닥에 각각 구멍을 뚫어 끈을 넣고 클립으로 고정해 주세요.
2. 실을 팽팽하게 잡은 위치에 두 사람이 마주 보고 서 보세요.
3. 한 사람은 컵에 입을 대고 말하고, 다른 한 사람은 귀에 컵을 대고 들어 보세요.

**Tip**

실의 길이를 달리하고 거리를 조절해 가며 실 전화 놀이를 즐겨 볼 수 있어요.

**발달 영역**

과학적 탐구 · 사회성 발달 · 자기 조절 능력 · 호기심 발달 · 언어 능력 발달

**준비물**

종이컵 2개, 실, 가위, 클립, 송곳(뾰족한 것으로 대체 가능)

놀이 블로그 

# 칙칙폭폭 상자 기차

놀이 순서

1. 상자의 뚜껑 부분을 안으로 접어 아이가 탈 수 있는 공간을 만들어 주세요.
2. 상자에 구멍을 뚫고 끈을 단단하게 묶어 다른 상자와 연결하여 기차와 같이 만들어 주세요.
3. 기차를 꾸미고, 한 칸씩 들어가 기차 놀이를 해 보아요.

Tip

아이가 직접 끌고 타거나 인형을 태워주는 등 다양한 놀이를 즐길 수 있어요.

발달 영역

대근육 발달 · 긍정적 자아 인식 · 사회성 발달 · 미술 표현 능력 · 창의력 발달

준비물

상자, 끈, 송곳, 가위, 테이프, 꾸미기 재료

# 내가 좋아하는 공간을 꾸며요

1. 내가 좋아하는 공간에 대해 이야기 해 보아요.
2. 가구나 소품을 활용해서 공간을 구성해 보아요.
3. 내가 만든 집에서 놀이해 보아요.

여러운 놀이

공간에 들어갈 가구, 소품을 직접 만들고 피규어를 활용하여 놀이할 수 있어요.

창의력 발달　미술 표현 능력　사회성 발달　문제 해결 능력　소근육 발달

준비물

상자, 도화지, 그리기 도구(색연필, 사인펜 등) 색종이, 풀, 가위, 테이프

# 여름 용품 메모리 게임

**놀이 순서**

1. 여름 용품 그림 카드 워크지를 나열해요.
2. 순서를 정하고 카드를 두 장씩 뒤집어서 그림을 확인해요.
3. 같은 그림을 찾으면 카드를 가져가고 가장 많은 카드를 가진 사람이 승리!

**Tip**

카드가 두꺼우면 뒤집기 쉽고 구겨지지 않아 계속 사용할 수 있기 때문에 워크지에 두꺼운 도화지와 손 코팅지를 붙여주는 것이 좋아요.

**발달 영역**

수학적 탐구 약속/규칙 정하기 과학적 탐구 긍정적 자아 인식 사회성 발달

**준비물**

워크지, 가위, 두꺼운 도화지 또는 손 코팅지

워크지

# 로션 마사지 놀이

**놀이 순서**

1. 바닥에 매트를 깔고 아이를 편안한 자세로 눕혀 주세요.
2. 로션을 충분히 짜서 손, 발, 다리, 몸 등을 부드럽게 마사지해요.
3. 역할을 바꾸어 아이가 엄마를 마사지해 주어요.

**Tip**

로션 마사지를 자주 하면 유대감 형성 및 정서적 안정감을 줄 수 있어요.

**발달 영역**

대근육 발달 · 건강/안전 인식 · 긍정적 자아 인식 · 사회성 발달 · 생명 존중

**준비물**

로션, 매트

# 주먹 가위 보 놀이

1. 〈주먹 가위 보〉 노래를 부르며 멜로디를 익혀 보세요.
2. 주먹, 가위, 보 동작으로 만들 수 있는 것들을 떠올려 보고 만들어 보세요.
3. 〈주먹 가위 보〉 노래를 부르며 손유희를 즐겨 보아요.

**Tip** 잠자리에 들기 전, 손가락 그림자 놀이로 확장할 수 있어요.

**발달 영역** 소근육 발달 / 음악/신체 표현 능력 / 긍정적 자아 인식 / 자기 조절 능력 / 창의력 발달

**준비물** 없음

# 우리 몸속 뼈를 알아 보아요

1. 우리 몸속에는 어떤 뼈가 있는지 이야기해 보아요.
2. 워크지에 있는 뼈 모양 그림을 가위로 잘라 보아요.
3. 뼈의 이름을 이야기하며 신체 부위에 알맞게 붙여 보세요.

Tip

그림책 《꽈당씨의 뒤죽박죽 뼈》와 연계하여 '뼈'에 대해 더 많은 정보를 찾아볼 수 있어요.

긍정적 자아 인식 | 건강/안전 인식 | 과학적 탐구 | 책과 이야기 | 수학적 탐구

워크지, 가위, 풀

워크지 

# 아이스크림 가게 놀이

1. 블록이나 상자 등을 활용해 아이스크림 가게에 필요한 소품을 만들어 준비해 주세요.
2. 다양한 아이스크림을 만들어 가게에 진열해요.
3. 가게 주인과 손님이 되어 아이스크림 가게 극놀이를 해 보세요.

**어려운 놀이**

가게 간판, 메뉴판을 만들며 자연스럽게 글자 쓰기 활동과 연계할 수 있어요.

**발달 영역**

창의력 발달 미술 표현 능력 문제 해결 능력 사회성 발달 언어 능력 발달

**준비물**

우드락, 솜 공, 하드바, 커피컵, 블록, 종이 상자, 테이프, 그리기 도구

# 저금통을 만들어요

1. 저금통이 무엇인지 이야기해 보아요.
2. 준비한 재료를 활용해 저금통을 만들고 꾸며 보아요.
3. 저금통 구멍에 동전, 지폐를 넣어 보아요.

**Tip** 저금통으로 사용하는 통은 돈이 잘 보이도록 투명한 통을 사용하는 편이 좋아요.

**발달 영역** 생활 습관 · 수학적 탐구 · 약속/규칙 정하기 · 자기 조절 능력 · 미술 표현 능력

**준비물** 사방이 막힌 통, 가위, 풀, 꾸미기 재료(색종이, 스티커 등)

# 색깔 얼음으로 그림 그리기

1. 식용 색소를 물에 섞은 다음 아이스크림 틀에 부어 꽁꽁 얼려 주세요.
2. 얼린 색깔 얼음으로 도화지에 자유롭게 그림을 그려 보세요.
3. 건조시킨 후 그림을 감상해요.

Tip

아이스크림 틀이 없다면, 얼음 틀을 활용할 수 있어요.

발달 영역

과학적 탐구　오감 자극　창의력 발달　미술 표현 능력　호기심 발달

준비물

아이스크림 틀, 식용 색소, 물, 도화지

# 그대로 멈춰라

**놀이 순서**

1. 〈그대로 멈춰라〉 노래를 부르며 즐겁게 춤을 춰요.
2. 노래 중간에 나오는 〈그대로 멈춰라〉라는 가사에 맞춰 동작을 멈추어요.
3. 미션을 정해서 멈출 때 미션 동작을 해 보아요.

**Tip**

한 발 들기, 빨간 놀잇감 찾기 등 미션을 아이 수준에 맞게 조절할 수 있어요.

**발달 영역**

음악/신체 표현 능력 · 대근육 발달 · 사회성 발달 · 긍정적 자아 인식 · 자기 조절 능력

**준비물**

〈그대로 멈춰라〉 음원(생략 가능)

# 분무기로 그림 그리기

1. 워크지에 나온 모양을 따라 잘라 주세요(자유롭게 그림을 그려 활용해도 좋아요).
2. 흰 도화지에 여름을 상징하는 물건 그림을 올리고 물감을 섞은 분무기를 분사해 보세요.
3. 올려놓은 그림을 제거한 후 나타난 분무기 그림을 감상해요.

사물의 테두리 모양을 표현하는 스텐실 기법을 활용한 놀이이기 때문에 그림자가 단순한 물건을 사용하면 모양을 훨씬 더 분명하게 표현할 수 있어요.

미술 표현 능력 과학적 탐구 호기심 발달 소근육 발달 창의력 발달

워크지, 흰 도화지, 가위, 분무기, 물, 물감

워크지 

# 치카치카 이 닦기

놀이 순서

1. 치카치카 이 닦기 워크지 위에 손 코팅지를 붙여 주어요.
2. 치아 부분에 보드 마카로 세균과 충치를 표시해요.
3. 칫솔을 사용해 썩은 이를 깨끗하게 닦아 주어요.

Tip

치아가 잘 보이는 그림 워크지를 활용할 수 있어요.

발달 영역

생활 습관 / 건강/안전 인식 / 소근육 발달 / 자기 조절 능력 / 약속/규칙 정하기

준비물

워크지, 손 코팅지, 칫솔, 보드 마카

워크지 

# 지퍼백 글자 쓰기

**놀이 순서**

1. 투명 지퍼백 안에 좋아하는 그림책을 넣어 주세요.
2. 투명 지퍼백 위에 보드마카로 그림책의 제목을 따라 써 보아요.
3. 보드마카 지우개로 글자를 지우고, 써 보고 싶은 다른 책도 넣어서 제목 쓰기 활동을 반복해 보세요.

**Tip** 네임펜이나 매직으로 제목 글자뿐 아니라 표지 꾸미기 활동도 할 수 있어요.

**발달 영역** 언어 능력 발달 소근육 발달 책과 이야기 호기심 발달

**준비물** 투명 지퍼백, 그림책, 보드마카, 보드마카 지우개

# 폼 롤러 균형 잡기

1. 폼 롤러를 다양한 방법으로 살펴 보아요.
2. 폼 롤러를 세워 엄마, 아빠의 다리로 고정하고 위쪽에는 아이를 앉혀서 균형 잡기 놀이를 즐겨 보세요.
3. 폼 롤러를 눕혀 양쪽을 부모의 다리로 고정하고 아이는 폼 롤러 위에 서서 균형을 잡아 보아요.

폼 롤러 위에서 미끄러질 수 있기에 부모님이 꼭 참여하여 안전하게 놀이해 주세요.

대근육 발달 | 건강/안전 인식 | 긍정적 자아 인식 | 자기 조절 능력

폼 롤러

놀이 영상

# 과일 아이스크림 만들기

**놀이 순서**

1. 여러 가지 과일을 준비한 후 빵칼을 사용해 아이스크림 틀에 들어갈 정도의 크기로 잘라 보세요.
2. 자른 과일과 음료를 아이스크림 틀에 넣고 얼려요.
3. 꽁꽁 얼어 완성된 과일 아이스크림을 맛 보아요.

**Tip**

아이가 좋아하는 과일이나 음료를 활용하면 더욱 재미있는 놀이가 될 수 있어요.

**발달 영역**

소근육 발달 건강/안전 인식 긍정적 자아 인식 과학적 탐구 오감 자극

**준비물**

과일, 빵칼, 음료, 아이스크림 틀, 도마

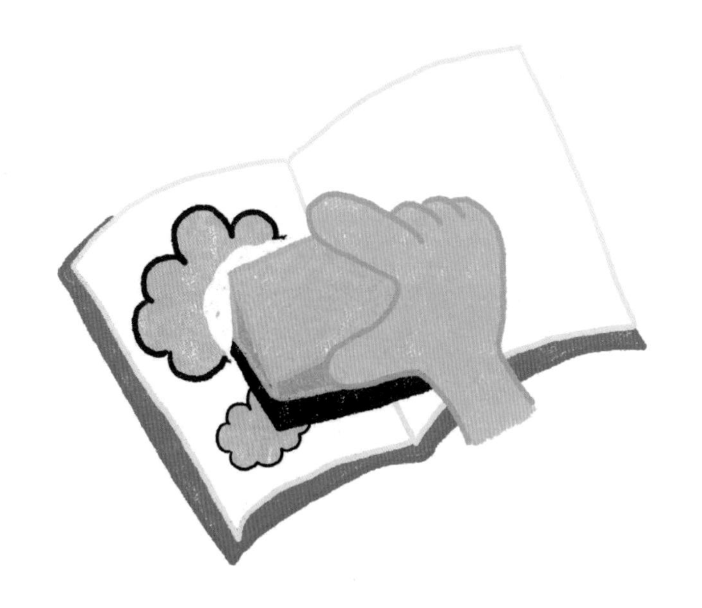

# 방수 책 만들기

**놀이 순서**

1. 표지용 우드락 판과 속지용 종이에 시트지를 붙여 주세요.
2. 시트지를 싼 표지와 속지를 연결하여 방수 책을 만들어 주세요.
3. 네임펜으로 그림을 그리거나 글씨를 써서 책을 완성해 보아요.

**Tip**

네임펜 대신 보드 마카를 사용하면 그리고 지우는 과정을 반복할 수 있어요.

**발달 영역**

책과 이야기 / 언어 능력 발달 / 호기심 발달 / 미술 표현 능력

**준비물**

우드락, 시트지, 색지, 네임펜

# 썬캐처 만들기

1. 도안 워크지의 안쪽 흰 부분만 잘라낸 후 손 코팅지의 접착면에 붙여 주세요 (테두리는 자르지 않아요).
2. 셀로판지 조각을 접착면에 붙여 자유롭게 꾸미고 모양을 따라 잘라 주세요.
3. 나무젓가락을 고정한 후 햇빛에 비치는 색을 관찰해 보아요.

**Tip** 햇빛 뿐 아니라, 어두운 공간에서 조명을 비춰 빛과 그림자 놀이를 즐길 수 있어요.

**발달 영역** 과학적 탐구 호기심 발달 오감 자극 창의력 발달 미술 표현 능력

**준비물** 썬캐처 그림 도안 워크지, 손 코팅지, 칼, 가위, 나무젓가락, 테이프, 셀로판지

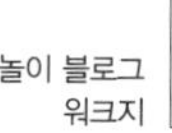

# 나는야 환경 지킴이

1. 워크지를 활용해 재활용품의 종류에 대해 알아 보아요.
2. 워크지에 나온 재활용품들을 잘라 분리 수거함에 붙여 보아요.
3. 집에서 나온 재활용품을 가족과 함께 분리 배출해 보아요.

**Tip** 재활용품을 활용한 만들기 놀이를 즐겨 볼 수 있어요.

**발달 영역** 자연보호 · 생활 습관 · 건강/안전 인식 · 사회성 발달 · 긍정적 자아 인식

**준비물** 워크지, 가위, 풀, 재활용품

워크지

# 물에 뜨는 것과 가라앉는 것 실험

**놀이 순서**

1. 물에 넣어도 괜찮은 물건을 모아 주세요.
2. 물에 뜰 것 같은 물건과 가라앉을 것 같은 물건을 나누어 보아요.
3. 물이 담긴 넓은 대야에 여러 물건을 띄워 실험해 보세요.

**어려운 놀이**

워크지를 활용하여 실험하고 기록해 보세요.

**발달 영역**

과학적 탐구 호기심 발달 문제 해결 능력 자기 조절 능력 언어 능력 발달

**준비물**

다양한 물건, 넓은 대야, 물, 워크지

워크지

# 재활용품 자동차 만들기

**놀이 순서**

1. 자동차 사진, 영상을 보며 어떤 자동차를 만들지 생각해 보아요.
2. 만들고 싶은 자동차 모양(자동차 몸체, 바퀴 등)에 필요한 재활용품을 찾아보아요.
3. 재활용품으로 자동차를 만들어 완성해 보세요.

**쉬운 놀이**

큰 상자로 자동차를 만들어 직접 타면서 놀이를 즐길 수 있어요.

**발달 영역**

미술 표현 능력 / 창의력 발달 / 문제 해결 능력 / 자연보호 / 소근육 발달

**준비물**

재활용품, 꾸미기 재료(스티커, 색연필, 사인펜, 색종이 등), 테이프, 가위, 풀

# 여름 책을 만들어요

**놀이 순서**

1. 여름하면 떠오르는 것들에 대해 이야기를 나누어요.
2. 워크지에 있는 여름을 상징하는 단어를 따라 써 보아요.
3. 워크지를 '8쪽 책 접기'로 접어서 완성해요.

**쉬운 놀이**

글자를 따라 쓰기가 어렵다면, 색칠하기 놀이로 즐겨도 좋아요.

**발달 영역**

언어 능력 발달 책과 이야기 소근육 발달

**준비물**

워크지, 가위, 풀, 그리기 도구

워크지 

# 주차 놀이

놀이 순서

1. 바닥 또는 큰 종이에 색 테이프를 붙여 주차장을 구성해 주세요.
2. 주차장에서 지켜야 하는 교통 규칙에 대해 이야기를 나누어요.
3. 장난감 자동차를 활용해 주차 놀이를 해 보아요.

어려운 놀이

검정 색지를 활용해서 주차장 뿐 아니라 도로까지 만들어 놀이할 수 있어요.

발달 영역

건강/안전 인식 · 생활 습관 · 약속/규칙 정하기 · 자기 조절 능력 · 소근육 발달

준비물

색 테이프, 장난감 자동차

# 수박씨로 그림을 그려요

놀이 순서

1. 도화지에 좋아하는 모양의 그림을 그려 주세요.
2. 그림의 선을 따라 목공풀을 짜 주세요.
3. 목공풀 선 위에 수박씨를 붙이면 완성이에요.

쉬운 놀이

선 위에 수박씨를 붙이기 어렵다면 물풀을 넓게 바른 뒤 내가 원하는 대로 수박씨를 놓아 주세요.

발달 영역

미술 표현 능력　소근육 발달　창의력 발달　자기 조절 능력　과학적 탐구

준비물

도화지, 수박씨, 사인펜, 목공풀

# 공 굴리기

**놀이 순서**

1. 출발선과 반환점을 표시해 주세요.
2. 출발선에 공을 놓고, 긴 막대로 공을 굴려 반환점을 돌아요.
3. 두 명이 함께 공 굴리기로 신체 놀이를 즐겨 보아요.

**어려운 놀이**

공을 더 작은 것으로 조절하며 난이도를 높일 수 있어요.

**발달 영역**

약속/규칙 정하기 · 사회성 발달 · 대근육 발달 · 자기 조절 능력 · 건강/안전 인식

**준비물**

공, 긴 막대

# 수박씨를 세어 보아요

1. 도화지에 수박 조각 모양의 그림을 그려 주세요.
2. 수박 껍질 부분에 숫자를 적고 그 수만큼 수박씨를 그려 주세요.
3. 숫자의 수만큼 수박씨를 그림 위에 올려 주세요.

**어려운 놀이** 주사위를 던져 나오는 숫자만큼 수박씨를 올려 보세요.

**발달 영역** 수학적 탐구 문제 해결 능력 호기심 발달 소근육 발달 약속/규칙 정하기

**준비물** 도화지, 그리기 도구, 수박씨

# 글자 암호 풀이

**놀이 순서**

1. 워크지의 암호판을 보며 암호 풀이를 어떻게 해야 하는지 이야기해 보아요.
2. 제시된 암호를 보고 알맞은 글자를 찾아 적어 보아요.
3. 완성된 낱말을 보고 소리 내어 읽어 보아요.

**쉬운 놀이**

글자 쓰기가 서툴다면 같은 모양 암호를 찾아보고 단어를 소리 내어 말해도 좋아요.

**발달 영역**

언어 능력 발달 / 약속/규칙 정하기 / 수학적 탐구 / 문제 해결 능력 / 소근육 발달

**준비물**

워크지, 쓰기 도구

워크지 

# 수박씨는 어떻게 자랄까?

놀이 순서

1. 수박을 먹고 수박씨를 모아 주세요.
2. 화분에 2/3 정도로 흙을 담고 수박씨를 듬성듬성 놓아준 후 흙을 채워 보세요(너무 깊이 심으면 안돼요).
3. 물을 주며 수박씨가 어떻게 자라는지 관찰해 보세요.

어려운 놀이

변화하는 수박씨의 모습을 워크지에 기록해 보세요.

발달 영역

과학적 탐구 호기심 발달 자연보호 오감 자극 감성 발달

준비물

수박씨, 화분, 흙, 물, 워크지

워크지 

# 양파야 쑥쑥 자라렴

**놀이 순서**

1. 양파의 껍질을 벗기고 긴 뿌리도 정리해 주세요.
2. 페트병의 윗부분을 잘라 깔끔하게 정리하고 물을 담아요.
3. 양파에 눈, 코, 입을 그리고 자른 페트병에 꽂아 매일 관찰해 보아요.

**어려운 놀이**

양파가 변화하는 모습을 관찰하여 워크지에 기록해 보세요.

**발달 영역**

과학적 탐구 · 호기심 발달 · 자연보호 · 생명 존중 · 건강/안전 인식

**준비물**

워크지, 양파, 페트병, 가위, 네임펜

워크지 

# 둥실둥실 봉지 물고기

**놀이 순서**

1. 비닐봉지에 네임펜으로 자유롭게 그림을 그려 보세요.
2. 풍선처럼 바람을 넣고 바람이 빠지지 않도록 고무줄로 묶어 주세요.
3. 스티커를 붙여 봉지 물고기를 완성해요.

**Tip**

완성된 물고기를 모빌처럼 창가에 전시해주면 자연스럽게 감상 활동으로 확장할 수 있어요.

**발달 영역**

미술 표현 능력 / 창의력 발달 / 오감 자극 / 감성 발달 / 소근육 발달

**준비물**

비닐봉지, 고무줄, 네임펜, 스티커

# 커피 아트 놀이

**놀이 순서**

1. 투명한 리빙 상자 안에 미니 전구를 넣고 전구에 불을 켜 주세요.
2. 전구를 넣은 리빙 상자 위에 또 다른 상자를 겹쳐 그 안에 커피 가루를 뿌려 주어요.
3. 커피 가루를 넓게 펴 주고, 손가락으로 그림을 그리며 놀이해요.

**Tip** 방 안 조명을 어둡게 하면 전구 불빛이 더 환하게 보여요.

**발달 영역** 과학적 탐구 / 호기심 발달 / 창의력 발달 / 오감 자극 / 감성 발달

**준비물** 커피 가루, 미니 전구, 투명한 리빙 상자 2개(뚜껑으로 대체 가능)

# 바다 동물을 만들어요

1. 바다에 사는 여러 동물에 대해 이야기를 나누어요.
2. 휴지심과 색종이, 꾸미기 재료 등을 활용하여 바다 동물 인형을 만들어 보세요.
3. 완성된 바다 동물로 인형극 놀이를 해 보아요.

Tip

바닷속 배경을 만들어 인형극 놀이에 활용할 수 있어요.

언어 능력 발달　창의력 발달　미술 표현 능력　소근육 발달

바다 동물 사진, 휴지심, 색종이, 꾸미기 재료, 가위, 풀

# 쉐이빙 폼 색깔 비 내리기

1. 투명한 컵에 물을 2/3 정도로 넣어 주세요.
2. 물이 담긴 통 위에 쉐이빙 폼을 올려 구름을 만들어 보아요.
3. 쉐이빙 폼 위에 다양한 색깔의 색소를 짜 넣어 물속에 떨어지는 색깔 비를 관찰해 보아요.

쉐이빙 폼을 활용하여 촉감 놀이를 즐길 수 있어요.

과학적 탐구 | 호기심 발달 | 오감 자극 | 창의력 발달 | 자기 조절 능력

준비물

쉐이빙 폼, 물, 투명한 컵, 약병, 식용 색소(물감으로 대체 가능)

놀이 블로그

# 새콤달콤 레몬청 만들기

놀이 순서

1. 레몬을 굵은 소금으로 문지르고, 큰 볼에 베이킹소다를 넣은 후 레몬을 푹 담가 주세요.
2. 빵칼을 사용해 레몬을 슬라이스해 주고 씨를 빼주세요.
3. 유리병에 레몬과 알룰로스를 1:1 비율로 켜켜이 넣어 주세요.

Tip

완성한 레몬청은 냉장고에 3일 정도 보관 후 레몬차, 레몬에이드 등으로 만들어 아이와 함께 맛 보세요.

발달 영역

건강/안전 인식 · 생활 습관 · 소근육 발달 · 자기 조절 능력 · 오감 자극

준비물

레몬, 굵은 소금, 베이킹소다, 큰 볼, 빵칼, 유리병, 알룰로스(설탕으로 대체 가능)

# 신발 세탁소

1. 신발 세탁 방법에 대해 알아 보아요.
2. 마모된 칫솔이나 솔로 신발을 문질러서 깨끗하게 씻어 보아요.
3. 햇빛이 잘 드는 곳에 신발을 놓고 건조해요.

흰 운동화 위에는 물티슈 또는 키친타월을 올려 건조해야 황변 현상 없이 건조할 수 있어요.

**발달 영역** 생활 습관 · 건강/안전 인식 · 소근육 발달 · 긍정적 자아 인식 · 과학적 탐구

**준비물** 신발, 마모된 칫솔, 세척 비누, 물

# 재미있는 분수 물놀이

1. 플라스틱 페트병을 네임펜 등으로 꾸며 보세요.
2. 송곳을 사용해 페트병에 여러 개의 구멍을 뚫어 주세요.
3. 페트병 안에 물을 채워 분수 물놀이를 해 보아요.

**Tip** 목욕 시간이나 물놀이를 할 때 활용할 수 있어요.

**발달 영역** 소근육 발달 오감 자극 미술 표현 능력 긍정적 자아 인식 과학적 탐구

**준비물** 플라스틱 페트병, 네임펜, 송곳, 물

# 몸에 좋은 음식과 나쁜 음식

**놀이 순서**

1. 다양한 음식 사진을 보며 몸에 좋은 음식과 나쁜 음식을 찾아 보아요.
2. 음식 사진을 가위로 잘라 워크지에 붙여 보아요.
3. 완성된 워크지를 보며 몸에 좋은 음식과 나쁜 음식에 대해 이야기를 나누어요.

**쉬운 놀이**

가위질이 어렵다면 음식 스티커를 활용할 수 있어요.

**발달 영역**

건강/안전 인식 · 생활 습관 · 언어 능력 발달 · 소근육 발달

**준비물**

워크지, 음식 사진이 들어간 광고지, 가위, 풀

워크지 

# 클레이 무지개 만들기

1. 무지개가 어떤 색으로 구성되어 있는지 알아 보아요.
2. 무지개 그림 워크지에 일곱가지 색깔을 표시해 보아요.
3. 색깔 순서에 맞게 클레이를 붙여 무지개를 만들어요.

Tip

클레이를 색깔 별로 가지고 있지 않다면 플레이콘으로 재료를 대체할 수 있어요.

발달 영역

감성 발달 오감 자극 미술 표현 능력 과학적 탐구 소근육 발달

준비물

워크지, 무지개 색 클레이(플레이콘으로 대체 가능), 색연필

워크지 

# 미역 촉감 놀이

**놀이 순서**

1. 물에 불리기 전 딱딱한 미역을 탐색해 보아요.
2. 미역을 트레이에 넣고 물을 부어 주어 미역이 불면서 변하는 모습을 관찰해 보세요.
3. 트레이에 미역을 붙여서 다양한 모양을 만들어 보아요.

**어려운 놀이**

미역이 변화되는 모습을 관찰하여 워크지에 기록해 보아요.

**발달 영역**

오감 자극 · 과학적 탐구 · 호기심 발달 · 창의력 발달 · 감성 발달

**준비물**

미역, 물, 트레이, 워크지

워크지 

# 모래 그림 그리기

**놀이 순서**

1. 도화지에 물풀로 그림을 그려 보아요.
2. 물풀이 마르기 전, 그림 위에 모래를 뿌려 주어요.
3. 모래를 털어낸 후 완성된 그림을 감상해요.

**Tip**

색 모래를 활용하면 더욱 다채로운 그림을 완성할 수 있어요.

**발달 영역**

미술 표현 능력 과학적 탐구 창의력 발달 오감 자극 소근육 발달

**준비물**

모래, 물풀(일반 풀로 대체 가능), 도화지

# 나는야 멋진 소방관

**놀이 순서**

1. 소방관 역할 및 필요한 소품에 대해 이야기를 나누어요.
2. 소방관 놀이에 필요한 소품을 만들거나 준비해 보아요.
3. 소방관이 되어 역할 놀이를 즐겨요.

**Tip**

소방관 관련 그림책, 영상 등 교육 자료를 활용하면 흥미가 더욱 높아질 수 있어요.

**발달 영역**

사회성 발달 / 긍정적 자아 인식 / 건강/안전 인식 / 창의력 발달 / 생명 존중

**준비물**

소방관 역할 놀이 소품(헬멧, 소방차 장난감, 긴 호스 혹은 호스 대용품), 만들기 재료

# 수경재배로 당근이 자라요

1. 당근 머리 부분(줄기나는 부분)을 잘라 주세요.
2. 납작한 플라스틱 통에 당근을 담아준 후 당근이 완전히 잠기지 않을 정도만 물을 넣어 보세요.
3. 당근의 잎과 줄기가 자라는 모습을 관찰해 보아요.

**어려운 놀이**

쑥쑥 자라는 당근을 관찰해서 워크지에 기록해 보아요.

**발달 영역**

과학적 탐구 호기심 발달 자연보호 생명 존중 감성 발달

**준비물**

납작한 플라스틱 통, 당근 머리 부분, 물, 워크지

워크지 

# 쓰담 달리기를 해요

1. 쓰담 달리기가 무엇인지 알아보고 준비물을 챙겨 보아요.
2. 온 가족이 산책을 나가서 거리에 버려진 쓰레기를 집게로 주워요.
3. 주운 쓰레기는 분리 배출해 보아요.

Tip

쓰담 달리기는 '플로깅'이라는 말에서 왔어요. 조깅을 하면서 쓰레기를 줍는 운동을 말하고 스웨덴에서 시작되었다고 해요. 쓰담 달리기에 대해 설명해 주면 아이가 자연보호 활동에 더 많은 관심을 기울일 수 있어요.

발달 영역

자연보호 생명 존중 과학적 탐구 소근육 발달 생활 습관

준비물

위생 장갑, 집게, 비닐봉지

# 젤라틴 촉감 놀이

**놀이 순서**

1. 뜨거운 물에 젤라틴 가루를 5:1의 비율로 넣고 녹여 주세요.
2. 젤라틴 녹인 물을 종이컵 여러 개에 나누어 담고 식용 색소를 넣어 나무젓가락으로 각각 섞은 후 냉장고에 넣어 굳혀 주세요.
3. 종이컵을 잘라 굳은 젤라틴을 빼내어 촉감 놀이를 해 보아요.

젤라틴이 잘 굳지 않는다면 젤라틴 가루를 조금 더 많이 넣어 녹여주거나, 냉장고에 더 오랜 시간 동안 넣어두고 굳혀 주세요.

오감 자극 | 과학적 탐구 | 감성 발달 | 소근육 발달 | 건강/안전 인식

**준비물**

젤라틴 가루, 물, 종이컵 여러 개, 나무젓가락, 식용 색소

놀이 블로그 

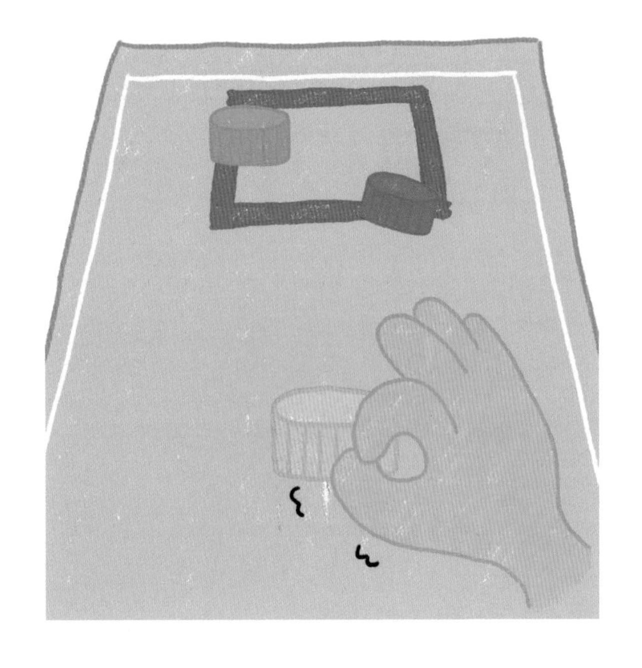

# 날아라 병뚜껑

1. 책상(혹은 바닥)에 색 테이프로 네모 모양을 만들어요.
2. 손가락을 튕겨 병뚜껑을 네모칸에 넣어 보아요.
3. 내가 넣은 병뚜껑 수를 세어 보아요.

**어려운 놀이**

과녁판을 만들어 1점, 2점, 3점 점수를 표시하여 놀이를 즐길 수 있어요.

**발달 영역**

소근육 발달 · 약속/규칙 정하기 · 긍정적 자아 인식 · 사회성 발달 · 자기 조절 능력

**준비물**

플라스틱 페트병 뚜껑, 색 테이프

# 소금 여름 풍경 그리기

1. 도화지에 크레파스로 여름 풍경을 자유롭게 그려 보세요.
2. 수채 물감에 물을 묻혀 그림을 색칠해요.
3. 물감이 마르기 전 굵은 소금을 뿌려준 후 나타나는 무늬를 관찰해 보아요.

여름 풍경 그리기를 생략하고 물을 충분히 섞은 물감을 넓게 칠한 후 소금을 뿌려도 좋아요.

과학적 탐구 호기심 발달 미술 표현 능력 창의력 발달 소근육 발달

준비물

도화지, 굵은 소금, 수채 물감, 물, 붓, 크레파스

# 교통안전 표지판 만들기

**놀이 순서**

1. 교통안전 규칙에 대해 이야기해 보아요.
2. 워크지에 나온 교통 표지판의 의미를 알아보고 알맞게 색칠해요.
3. 가위로 잘라 막대에 붙여 표지판을 만들어 보아요.

**어려운 놀이**

도로와 표지판, 사람 모형 등을 만들어 극놀이를 즐겨 보아요.

**발달 영역**

건강/안전 인식 · 약속/규칙 정하기 · 사회성 발달 · 수학적 탐구 · 과학적 탐구

**준비물**

워크지, 가위, 풀, 그리기 도구, 나무젓가락(빨대로 대체 가능)

워크지 

# 시원한 수박 화채

놀이 순서

1. 수박 겉 부분을 관찰하고 반으로 잘라 겉과 속을 비교해 보세요.
2. 반으로 자른 수박 속을 숟가락으로 파 주세요.
3. 기호에 따라 탄산수나 우유 등 음료를 부어 수박 화채를 완성해 보아요.

Tip

수박을 숟가락으로 파지 않고 빵칼로 자르거나 모양 틀로 찍어봐도 좋아요.

발달 영역

과학적 탐구 호기심 발달 건강/안전 인식 오감 자극 소근육 발달

준비물

수박, 우유, 탄산수, 숟가락

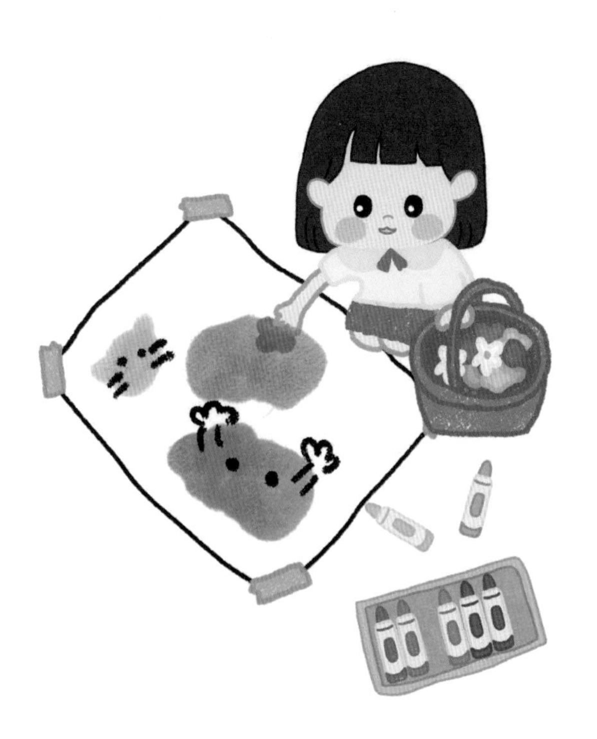

# 자연 속 식물로 그림 그리기

**놀이 순서**

1. 떨어진 꽃잎, 나뭇잎, 열매 등 자연에서 볼 수 있는 식물을 찾아보아요.
2. 도화지에 색이 묻어나도록 식물을 문질러요.
3. 다채롭게 물든 색 위에 색연필, 사인펜 등으로 꾸며 보세요.

**어려운 놀이**

목공풀로 실제 자연물을 붙여 작품의 완성도를 높일 수 있어요.

**발달 영역**

오감 자극 / 감성 발달 / 미술 표현 능력 / 과학적 탐구 / 자연보호

**준비물**

도화지, 꽃잎 등 여러 가지 식물, 그리기 도구

# 부채 만들기

**놀이 순서**

1. 마음에 드는 부채 모양으로 도화지를 오린 후 그림을 그리고 꾸며 보세요.
2. 앞뒷면에 손 코팅지를 붙이고 부채 손잡이를 테이프로 고정하여 부채를 완성해요.
3. 부채를 흔들어 시원한 바람을 느껴 보아요.

**어려운 놀이**

두 사람이 가위바위보를 해서 부채 부쳐주기 놀이를 할 수도 있어요.

**발달 영역**

미술 표현 능력 창의력 발달 과학적 탐구 오감 자극 소근육 발달

**준비물**

손 코팅지 2장, 도화지, 하드바, 테이프, 그리기 도구, 가위, 꾸미기 재료

# 햇빛을 보아요

**놀이 순서**

1. 돋보기는 어떤 역할을 하는지 알아보아요.
2. 실외에서 바닥에 검정색 종이를 깔고 돋보기로 햇빛을 모아요.
3. 검정색 종이가 변화되는 모습을 관찰해요.

**어려운 놀이** 흰 종이와 비교하여 실험해 본 후 관찰하여 워크지에 기록해 보세요.

**발달 영역** 과학적 탐구 / 호기심 발달 / 자기 조절 능력 / 문제 해결 능력 / 소근육 발달

**준비물** 워크지, 돋보기, 검정색 종이

워크지 

# 그림자 신체 놀이

1. 어두운 공간에서 조명을 켜 주세요.
2. 손이나 몸을 빛에 비추어 벽에 나타난 그림자를 관찰해 보세요.
3. 몸을 움직여 동물이나 꽃 등 다양한 모양의 그림자를 만들며 놀아요.

**쉬운 놀이** 좋아하는 노래를 틀어놓고 즐겁게 그림자 춤을 출 수 있어요.

**발달 영역** 소근육 발달 대근육 발달 호기심 발달 오감 자극 감성 발달

**준비물** 조명(핸드폰)

# 주먹밥 만들기

1. 주먹밥 만들기 재료를 준비해 주세요.
2. 큰 그릇에 밥과 재료들을 넣고 숟가락으로 골고루 섞어 보아요.
3. 밥을 굴리거나 모양 틀을 사용해 주먹밥을 완성해요.

요리하기 전, 레시피를 직접 만들어 보아요.

발달 영역

건강/안전 인식 · 생활 습관 · 소근육 발달 · 오감 자극

주먹밥 재료(김, 햄, 참치, 마요네즈 등), 큰 그릇, 모양 틀, 숟가락, 비닐장갑

# 알록달록 해파리 만들기

**놀이 순서**

1. 해파리 사진을 보며 해파리에 대해 이야기를 나누어요.
2. 도화지에 해파리 머리 부분을 그리고 하단은 펀치로 구멍을 뚫어 주세요.
3. 구멍에 리본끈을 끼워 해파리 다리를 만들어 보세요.

**Tip** 해파리 관련 그림책을 읽고 독서 연계활동으로 진행할 수 있어요.

**발달 영역** 언어 능력 발달 과학적 탐구 소근육 발달 창의력 발달

**준비물** 도화지, 펀치, 그리기 도구, 리본끈

# 양말 벗기
## 신체 놀이

**놀이 순서**

1. 두 사람이 마주 보고 앉아서 한쪽 발에만 양말을 신어요.
2. 시작 신호에 맞춰 손을 쓰지 않고 양말을 벗어 보아요.
3. 먼저 양말을 벗는 사람이 이겨요.

**쉬운 놀이**

엄마, 아빠의 발에 양말을 신고 아이 손으로 직접 벗기는 놀이로 수준을 조절할 수 있어요.

**발달 영역**

약속/규칙 정하기 / 사회성 발달 / 자기 조절 능력 / 대근육 발달 / 소근육 발달

**준비물**

양말

# 물풍선 물고기 낚시 놀이

**놀이 순서**

1. 물풍선에 물을 담고 네임펜 등 꾸미기 재료를 활용해 물고기를 만들어 보세요.
2. 대야에 물풍선으로 만든 물고기를 담아 자유롭게 탐색해 보아요.
3. 뜰채를 사용해 낚시 놀이를 해 보아요.

**Tip**

풍선에 물 대신 클립을 넣고 자석 낚시대로 낚시 놀이를 즐겨도 좋아요.

**발달 영역**

소근육 발달 / 오감 자극 / 자기 조절 능력 / 미술 표현 능력 / 과학적 탐구

**준비물**

물풍선, 꾸미기 재료, 뜰채(숟가락, 국자로 대체 가능), 대야, 물

놀이 영상 

# 스마트 기기 사용 약속 정하기

1. 스마트 기기를 바르게 사용하는 방법에 대해 이야기해 보아요.
2. 워크지에 기기를 사용할 때 지켜야 할 약속에 대해 적어요.
3. 잘 보이는 곳에 약속판을 붙여 두고 지키기로 약속해요.

약속에 대해 이야기 나누며 그림 약속판을 만들어 보아요.

약속/규칙 정하기 · 생활 습관 · 언어 능력 발달 · 자기 조절 능력

**준비물** 워크지, 쓰기 도구

워크지 

# 드라이아이스 실험 놀이

1. 투명컵에 물과 드라이아이스를 넣고 하얗게 발생하는 연기를 관찰해 보아요.
2. 물에 주방세제를 추가해 나타나는 거품을 살펴 보세요.
3. 실이나 끈에 세제 물을 묻힌 후 컵 입구를 쓸어 주세요. 거품이 부풀어 오르면 손가락으로 터뜨려 관찰해 보아요.

물에 식용 색소를 섞어주면 더 선명하게 관찰할 수 있어요. 또한 드라이아이스는 손에 직접 닿으면 위험할 수 있으니 안전에 유의해 주세요.

과학적 탐구 호기심 발달 오감 자극 약속/규칙 정하기 건강/안전 인식

드라이아이스, 투명컵, 세제 섞은 물, 숟가락(대체 가능),
식용 색소(생략 가능), 실이나 끈

놀이 영상 

# 나만의 자연물 작품 만들기

놀이 순서

1. 산책하며 주워 온 다양한 자연물을 탐색해 보아요.
2. 목공풀을 사용해 자연물을 붙여 자유롭게 나만의 작품을 만들어 보아요.
3. 완성된 작품을 소개하고, 잘 건조시켜서 전시하고 감상해요.

Tip

목공풀은 완전히 건조되어야 단단하게 고정할 수 있어요. 자연물이 계속 떨어진다면 엄마, 아빠가 글루건으로 붙여 주세요.

발달 영역

창의력 발달 | 오감 자극 | 감성 발달 | 미술 표현 능력

준비물

자연물(나뭇잎, 나뭇가지, 솔방울 등), 목공풀

# 투명 우산 꾸미기

놀이 순서

1. 셀로판지를 여러 가지 모양으로 자유롭게 잘라 주세요.
2. 우산에 분무기로 물을 뿌려 셀로판지를 붙이고, 그림도 그려 보아요.
3. 어두운 곳에서 불을 비춰 반사된 색깔을 감상해 보세요.

Tip

셀로판지 대신 그림을 그려서 꾸미면 비 오는 날 세상에서 하나 뿐인 우산을 사용할 수 있어요.

발달 영역

창의력 발달 미술 표현 능력 감성 발달 소근육 발달 과학적 탐구

준비물

투명 우산, 분무기, 셀로판지, 네임펜, 가위

# 보글보글 화산 실험 놀이

1. 요구르트 병을 세우고 클레이를 붙여 화산 모양을 만들어 주세요.
2. 요구르트 병에 식용 색소 및 식초를 넣어 보세요.
3. 숟가락을 사용해 베이킹 소다를 넣은 뒤 화산이 폭발하는 장면을 관찰해요.

**Tip** 공룡 피규어를 활용해 함께 놀이를 즐겨 볼 수 있어요.

**발달 영역** 과학적 탐구 / 호기심 발달 / 오감 자극 / 건강/안전 인식 / 소근육 발달

**준비물** 트레이, 클레이, 요구르트 병, 베이킹 소다, 식초, 숟가락

놀이 영상 

# 빙수 만들기

**놀이 순서**

1. 우유를 지퍼백에 부어서 눕힌 다음 얼려 주세요.
2. 망치 등의 도구로 단단하게 얼려진 우유를 부셔요.
3. 부서진 우유 조각을 그릇에 담고 좋아하는 토핑을 올려 빙수를 만들어요.

**Tip**

꽁꽁 언 우유를 부술 때 나무 망치 등의 도구를 활용해 두드리면 스트레스도 해소할 수 있어요.

**발달 영역**

건강/안전 인식 오감 자극 소근육 발달 과학적 탐구 호기심 발달

**준비물**

지퍼백, 빙수 그릇, 우유, 망치(주방도구로 대체 가능),
빙수용 토핑(팥, 인절미, 젤리, 연유 등)

놀이 영상 

# 박수 치기 놀이

**놀이 순서**

1. 〈곰 세 마리〉 노래에서 '곰' 글자가 등장할 때마다 박수를 치기로 정해 보아요.
2. 〈곰 세 마리〉 노래를 부르며 '곰'이라는 단어가 나올 때마다 박수를 쳐 보아요.
3. 속도를 조금 더 빠르게 부르며 '곰' 글자에 맞춰 박수를 쳐 보아요.

**Tip**

아이가 좋아하는 노래에서 중복되는 글자를 정해 박수 치기 놀이를 즐겨 보아요.

**발달 영역**

약속/규칙 정하기 · 음악/신체 표현 능력 · 자기 조절 능력 · 사회성 발달 · 언어 능력 발달

**준비물**

〈곰 세 마리〉 음원

# 쉿! 비밀 그림을 그려요

**놀이 순서**

1. 도화지에 네임펜으로 그림을 그려요.
2. 그림이 보이지 않도록 키친타월로 도화지를 덮어요.
3. 스포이트를 사용해 키친타월 위에 물을 떨어뜨리고 어떤 그림이 나타나는지 살펴 보세요.

**Tip**

스포이트가 없다면, 약병이나 분무기로 대체할 수 있어요.

**발달 영역**

호기심 발달 미술 표현 능력 창의력 발달 과학적 탐구 소근육 발달

**준비물**

도화지, 키친타월, 네임펜, 스포이트